高新农业科技下的白色农业

王海光 主编

中国出版集团
现代出版社

图书在版编目（CIP）数据

高新农业科技下的白色农业 / 王海光主编. -- 北京：现代出版社，2018.7

（新农村新农业：乡村科技振兴系列）

ISBN 978-7-5143-7189-5

Ⅰ. ①高… Ⅱ. ①王… Ⅲ. ①农业—微生物—生物资源—研究—中国 Ⅳ. ①S182

中国版本图书馆 CIP 数据核字 (2018) 第 144089 号

执行主编：郝言言　赵焕霞
编　　委：苏文涛　薛英祥　唐文俊　王春晓
　　　　　马牧晨　邵　莹　李　青　李广莹
　　　　　唐正兵　赵　艳　张绿竹　王　璇

主　　编	王海光
责任编辑	杨学庆
出版发行	现代出版社
地　　址	北京市安定门外安华里 504 号
邮政编码	100011
电　　话	010-64267325　64245264（传真）
网　　址	www.1980xd.com
电子邮箱	xiandai@cnpitc.com.cn
印　　刷	三河市南阳印刷有限公司
开　　本	787mm×1092mm　1/16
印　　张	10
版　　次	2018 年 7 月第 1 版　2019 年 12 月第 4 次印刷
书　　号	ISBN 978-7-5143-7189-5
定　　价	20.00 元

版权所有，翻印必究；未经许可，不得转载

前 言

20世纪70年代，由于工业技术的飞速发展，机械、化肥、化学农药等被广泛应用于农业生产，虽然满足了人口增长对粮食的需求，然而过分依赖这种方式，造成了严重的环境污染、耕地退化、作物病虫害加重等问题。

随着"三色农业"的创建，白色农业走进了人们的视野。白色农业又称为微生物农业，它建立在科学的基础之上，其主体是"微生物学"。从某种意义上来讲，白色农业是"分子农业"。从事白色农业生产者穿着白色的工作服，在干净的厂房中生产，它不受地域、环境等外界因素影响，其产品质量稳定性可人为控制。它开发的是微生物资源，制造出的是高营养的食品，白色农业的发展空间非常大，属于高增值农业。

当前，白色农业在六大领域初步实现了微生物资源的开发和利用，这六大领域是：微生物饲料、微生物肥料、微生物农药、微生物食品、微生物能源和微生物生态环境保护剂。白色农业是一种高科技农业，所涉及的这六大领域都需要以高新科技为支撑。

微生物饲料领域包括单细胞蛋白质饲料、饲用酶制剂、真菌饲料添加剂、活体微生物类、氨基酸类等。这些微生物饲料混配在普通饲料当中可有效提升畜禽自身免疫力并促使其更好地消化生长。

在微生物肥料领域，将微生物和化肥、微量元素以及有机肥料进行混合搭配，形成一种微生物复混生物肥料。这种微生物肥料可有效为

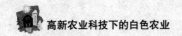

土壤提供肥力,为农作物提供必需的营养元素,有效改善农作物根际的微型环境,强化农作物根际有益微生物比例,促使农作物更好地吸收养分,有助于农作物生长。

微生物农药领域已经有很多细菌、真菌等被用作生物杀虫剂、除草剂以及动植物生长调节剂。利用有益微生物或其代谢产物寄生在其他病原微生物或生物体内进行生物防治,已经取得了一定的研究成果,很好地控制了农、林、仓库的虫害,并大大地减少了环境污染。

在微生物食品领域,食用菌产业蓬勃发展。食用菌富含蛋白质、氨基酸以及维生素等众多营养物质,很多品种还有抗癌、降脂、提高机体免疫力等功能,算得上一种优良保健食品。如今,中国食用菌的生产量和出口量都位居世界前列。

在微生物能源领域,微生物资源包括多种形式,比如植物废弃物经过微生物发酵之后可以产生沼气,可以用作燃料或发电照明;植物纤维素被微生物分解之后,可转化为酒精,它是能源燃料,并被公认为21世纪可代替石油的绿色能源。

在微生物生态环境保护剂领域,环境微生物是近些年刚兴起的一门学科,微生物可降解许多废弃物,为人类创造一个干净、舒适的生存环境。比如国际上已有的产品有空气清新剂、工厂污水除害剂、海面石油污染消除剂、水除污剂等。

本书从白色农业的六大领域展开介绍,采取图文混排的形式,用通俗易懂的语言讲述了白色农业的现状以及未来的发展方向。本书的最后一部分还介绍了我国一些地方的白色农业技术应用案例。

最后,由于时间仓促及编者水平有限,书中如有不足或欠妥的地方,敬请广大读者朋友谅解并指正。

目 录

第一章　白色农业的历史发展变迁 / 001

　　白色农业的基本概念 / 001

　　传统农业走向白色农业 / 003

　　白色农业在中国崛起 / 007

　　白色农业在国外发展情况 / 009

　　农业科技推动白色农业发展的意义 / 011

　　迎接 21 世纪新的农业科技革命 / 013

第二章　生物防治技术以柔克刚 / 015

　　昆虫不育技术的应用和发展 / 015

　　高效新型害虫引诱剂 / 017

　　害虫共生菌的研究利用 / 020

　　转基因植物抗病虫害技术 / 022

　　转基因昆虫、病毒、细菌的抗病虫害技术 / 024

　　害虫也有可利用价值 / 026

第三章　微生物农药的研发和使用 / 029

　　微生物农药主要品种识别 / 029

高科技与苏云金芽孢杆菌制剂 / 032

农业科技下的白僵菌制剂 / 035

生物防治技术下的木霉制剂 / 038

病毒类杀虫剂在农业中的应用 / 041

农业抗生素在农业中的使用 / 043

微生物激素在应用中的巨大作用 / 046

微生物除草剂取代传统除草方式 / 048

第四章　传统发酵食品制作技术 / 051

牛奶和有益菌的发酵：酸奶 / 051

面粉发酵蒸成的食品：馒头 / 054

蔬菜发酵的制品：泡菜 / 056

以葡萄为原料酿造的饮品：葡萄酒 / 059

传统而古老的发酵食品：米酒 / 062

微生物发酵大豆制品：腐乳 / 064

水果或果品加工制品：果醋 / 067

以豆类为原料的发酵制品：黄豆酱 / 069

第五章　农业科技推动食用菌发展 / 073

食用菌的基本介绍 / 073

新技术变废为宝，增产食用菌 / 076

菌种制备和育种技术的改进 / 079

食用菌生产技术的不断改进 / 081

食用菌加工成各种食品 / 084

第六章　肥料微生物促进植物生长的机理 / 087

微生物肥料推动农业发展 / 087

微生物肥料的实际应用 / 091

微生物肥料的特点与施用 / 093

微生物肥料的现状与发展趋势 / 095

第七章 微生物饲料生产技术 / 099

微生物发酵而成的饲料 / 099

微生物饲料添加剂 / 102

菌体蛋白饲料的生产与应用 / 105

甘蔗糖厂废料发酵强化基质蛋白 / 108

秸秆粉碎加工成的纤维饲料 / 110

蛋白草粉的相关研究 / 113

第八章 微生物能源的相关技术 / 117

沼气发酵的相关技术 / 117

沼气发酵原料的种类和特点 / 120

沼气发酵的几种工艺 / 122

沼气发酵的不同装置 / 125

沼气能源的使用 / 128

中国沼气事业的成就以及发展方向 / 132

第九章 微生物生态环境保护剂 / 135

"畜产公害"治理的微生物生态环境保护剂 / 135

免洗养猪的微生态菌剂 / 138

变废为宝的堆肥菌剂 / 140

污水处理微生态菌剂 / 142

第十章　各地白色农业发展典例 / 145

山西临县"红枣防裂"的白色农业技术 / 145
银岳池：白色农业闪银光 / 147
甘肃："白色变革"引领农业高效发展 / 149
山西太谷：白色农业如日方升 / 151

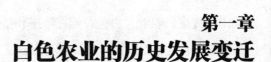

第一章
白色农业的历史发展变迁

传统农业伴随人们走过无数个春夏秋冬,时代在进步,传统农业在某种程度上不断发展,但仍存在许多不足之处。随着科技的发展,白色农业应运而生。可以说,它的出现是时代的需求,是农业继续发展的需求。接下来,让我们一起走进白色农业的发展变迁。

白色农业的基本概念

20世纪70年代,一些发达国家发展起了现代农业,化肥、农药、除草剂等被大量使用,虽然在一定程度上提高了土地生产率,满足了人口增长对粮食的需求,但也带来了不良的后果,如环境污染、作物病虫害严重等。为此,农业需要一个全新的改变。

中国是一个农业大国,也是一个人口大国,人口增长、环境恶化、资源匮乏等问题日渐凸显。随着"发展高科技应创建'三色农业'"观点的提出,白色农业走进了人们的视野和农田劳作当中。它是一种新型农业,其技术主体是"生物工程"。

高新农业科技下的白色农业

　　白色农业是应用高科技生物工程技术开发微生物资源，创立微生物产业化利用的工业型新农业。发展白色农业已经成为当今科技和社会发展的必然。为什么叫它白色农业呢？这是因为这种模式需要在干净的工厂车间中进行生产，且工作人员都需要穿戴白色的工作服帽，所以被称为"白色农业"。

　　相比传统绿色农业，白色农业在形态和生产模式上有很大的不同。白色农业依靠的是人工能源，常年都可以在工厂中进行规模化生产，因此既不会受到季节、气候等外界因素的影响，也不会造成环境污染，还可以节省土地资源和水资源。因此，白色农业是目前我国切实可行的农业发展新思路。

　　发展白色农业就要大力发展生物工程高科技，而生物工程是由基因工程、发酵工程、细胞工程和酶工程四部分组成的。发酵工程和酶工程是微生物独有的特性，基因工程和细胞工程则是动植物以及微生物共有的生物特性。可见，微生物学在生物工程技术中有着至关重要的地位。

　　微生物资源有着巨大的开发潜力，以世界石油为例，通过微生物

发酵工程，只要利用世界石油总产量的 2%，就可以生产出可供 20 亿人口吃一年的单细胞蛋白质。再如我国的农作物秸秆，年产量约为 5 亿吨，如果通过微生物发酵把其中的 20%，也就是 1 亿吨转化为饲料，这些饲料等同于 0.4 亿吨饲料粮，相当于我国每年总饲料粮的 1/3。

微生物工业占地并不是很多，每年却能产出 10 万吨的单细胞蛋白，这相当于 180 万亩耕地产出的大豆蛋白质或者是 3 亿亩草原饲养的牛羊生产的动物蛋白质。

微生物工程技术延伸到农牧业领域，在促使农作物生长、疫病防治等方面作用很大。此外，它还参与到了农产品的深加工当中。比如，赤霉素的使用是水稻杂交制作中控制花期的一项措施。玉米赤霉烯酮可用于北京鸭、肉牛增重。农作物的木薯、谷壳、糖渣等经过发酵可转化为再生能源，如酒精、甲烷等，这些生物能源又被称为"绿色石油"。

如今，全球白色农业已经初步形成六项产业，分别是：微生物饲料、微生物肥料、微生物农药、微生物食物、微生物能源、微生物生态环境保护剂。值得注意的是，微生物饲料已经是白色农业的主体产业。在未来，随着现代农业科技的发展，相信还会出现更多与白色农业相关的新产业。

传统农业走向白色农业

在传统农业的发展过程中，虽然生产工具、生产技术在一定程度上都有所改进和提高，但就农业生产本质而言，并没有太大的改变。与此同时，传统农业在现代社会发展中却暴露出了种种问题。

传统农业生产中，最基础的是"土"，最根本的是"种"，保证农业生产顺利进行的是"肥"，其命脉主要是"水"。20 多年前，中国科学院发布国情研究第二号报告，指出到 21 世纪二三十年代，中国人口将会超过 15 亿，那时人均耕地面积、人均水资源都会相当匮乏。中国属于世界 13 个贫水国家之一，而中国传统农业以土、水为中心，这势必会影响传统农业更好地推进。那么，影响传统农业发展的因素都有哪些呢？

耕地面积减少，急需退耕还林

首先，我国很多土地由于干旱，缺乏生产能力，粮食生产集中在东部和南部沿海的江河流域，这些地区的可耕土地占全国总耕地面积的1/3，这些地区同时也是人口相对密集的地区。

其次，随着人口急剧增长，土地竞争压力越来越大。我国人口基数相当大，绿色农作物生长因受气候、季节等因素制约，加之生产周期较长，不能满足人口剧增的需求，所以耕地面积减少呈加剧趋势。

最后，由于林地面积急需增加，导致耕地面积进一步减少。我国农业自然灾害频繁，根本原因是林地骤减。根据国务院林业局公布的数据可知，我国每年有660万亩林地转化为非林地。尤其是最近几年，这种趋势呈上升势头。1998年，我国南部和北部同时发生的罕见重大火灾，在很大程度上是毁林造田、围湖造田造成的。可见，盲目扩大耕地面积，不管是从自然规律还是从政府决策方面来说，都是不符合情理

的。所以，退耕还林势在必行。

水资源匮乏，农业用水面临危机

我国早期灌溉用水大多来自兴建水库，随着潜在水库的减少，灌溉增长朝着打井迈进。如今，有一大半的灌溉用水来自水库，还有一些来自水井。因为灌溉打出上百万眼水井，导致我国很多地区的地下水位急剧下降。

华北很多地区正面临着缺水危机，很多需求都需要耗尽蓄水层才能满足，这就制约了粮食生产。有人指出："在农村地区，超过8200万人取水困难；在城市地区，这一现象更加严重。现在有300个城市缺水，其中100个城市严重缺水。"以北京为例，1950年北京市地下水位距地面5米，而到2017年，地下水埋深度达26.5米。从这个数据中，我们足以看出地下水匮乏的严重程度。随着水资源的匮乏，更多工业、居民用水需要从农用水中索取。

环境恶化，粮食产量降低

随着社会的发展，臭氧层被破坏、紫外线增强、气候变暖等问题不可避免地会出现。气象专家曾预测，2050年的气温要比现在高出1.5℃，到2100年温度可能会再升高3℃。需要注意的是，农作物不会在这么短的时间内适应温度的变化，因此粮食势必会减产。与此同时，淡水量也会降低，严重影响灌溉面积。如今，很多使用化肥的国家的浅、中层地下水都存在严重的亚硝酸污染，河流、湖泊的富营养化已成为十分棘手的问题。

综上所述，传统农业越来越不适应现代农业的发展，它需要一个全面的改革。从生态环境宏观方面来看，传统农业存在3个问题，即"不健全、不科学、单一化"。

1. 传统农业产业结构不健全。地球生物资源分为三类：动物、植物、微生物。然而传统农业仅对动植物资源加以利用，形成了"二维结构"，这种结构是不健全的，同时还会产生资源浪费。如一株用一年时间长成的玉米，只能利用其一个穗上的若干玉米粒；一头牛宰杀后只能利用不到一半的资源，归根结底还是产业结构不健全。

2. 农业主产品粮食分配不科学。当今世界粮食分配平均水平为：口粮占 42.3%，饲料粮占 42.9%，工业以及种子用粮占 14.8%。这样算来，人和牲畜属于"人畜共粮"，这样的分配方式是不科学的。

3. 传统农业生产模式相对单一。古人自有"土里抠食"的生产模式，即用树棍在土里戳一个洞然后播下种子。如今的传统农业依然没有脱离这种生产模式，因此出现了大量占地，形成了与人争地、与人争水的矛盾。

农业是人类赖以生存的基础产业，从根本上来说，农业是人类发展的永恒主题。随着 21 世纪的到来，科学技术革命的浪潮正蓬勃发展，这意味着科技革命将会把农业推向更灿烂辉煌的未来。

我国著名科学家钱学森院士提出，21 世纪 30 年代，人类将进入第六次产业革命，也就是现代生物科学技术革命，其主战场正是大农业。所以，白色农业是时代发展所需，它势必要替代传统农业继续向未来出发。具体来讲，白色农业有以下特征：

生物工业型农业。传统农业以水、土为发展基础，白色农业则是

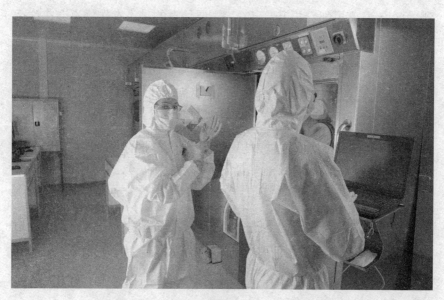

应用高科技开发微生物资源,它不受气候、季节的影响,可常年在工厂中进行规模化生产。

资源节约型农业。传统农业对资源的利用率并不高,更多资源都被当作废弃物处理掉了,而白色农业可将动植物的有机废弃物经过微生物转化,部分变为饲料或食物,从而实现资源的可循环利用,大大地减少了资源浪费。

拓展型农业。白色农业拓宽了传统农业的生产领域,将传统农业从"露天农业"转向更加科学的"工厂农业"。

高效环保型农业。白色农业将传统农业向阳光要粮、向土壤要粮的方式转变为向秸秆要粮、向废弃物要粮的生产方式。相对于传统农业的粮食生产,白色农业的生产周期更短,更加高效、高产,而且无污染,可有效节约水土资源。

白色农业相比传统农业,从农业资源结构上实现了从动植物资源的"二维"向动植物、微生物的"三维"转变,而微生物对稳定资源循环有着重要作用。在科技快速发展的今天,微生物资源的特点重新被人们认识,人们利用微生物的方法、手段也在不断形成和完善,发展白色农业的条件已经具备,大力发展白色农业才能重新让农业成为国家经济发展的顶梁柱。

白色农业在中国崛起

提到白色农业,或许大家有一丝陌生感,它是一种工业型的新农业,它的生产过程无污染,产品安全、没有毒副作用。我国很多地方已经开始推广白色农业,并取得了一些成就,让我们一起走进不一样的农业生产。

随着白色农业新概念的推广,国务院相关领导对此给予了高度重视和相应的批示,著名科学家钱学森院士还将白色农业归入他提出的第六次产业革命的范畴当中,并通过媒体广泛传播。目前,白色农业已经从文字概念推广到实体事业和产业化，发生了质的飞跃。

1996年8月，时任北京市延庆县人民政府县长张志宽身先士卒创办了中国第一家以白色农业命名的事业单位——北京白色农业研究所。研究所工作成果显著，对全国农业的发展产生了积极的影响。

随后，陕西省农科院也成立了白色农业开发研究中心，并成立陕西省白色农业协调领导组，由主管农业的副省长王学文兼任组长，亲自协调相关领导工作。此后，全国很多地方相继成立了白色农业组织机构。比如，宁夏回族自治区亿瑛（银川）产业集团成立的亿瑛白色农业工程技术研究中心，山东省农科院成立的白色农业工程技术研究中心，江苏省成立的淮阴白色农业科技发展有限公司，沈阳农业大学成立的白色农业研究开发中心等。1998年10月，山西省成立了山西省白色农业工程学会，将白色农业拓展到社会团体，拓展出了新的局面。这些机构如同雨后春笋一般涌现在全国各地，它们展开的主要工作有：

微生物饲料：亿瑛白色农业工程技术研究中心利用国际先进的生物发酵技术和国内优秀菌种，开发出了"亿瑛生物发酵饲料"，这种发

酵饲料的干物质活细胞大于40亿/克，亿瑛饲料酵母的活细胞数大于50亿/克。

微生物农药：改革开放后，微生物农药的研究和开发有了突飞猛进的发展，从建立微生物资源库，到利用遗传工程等生物技术改变菌株等，如今已经有10多种微生物农药品种完成登记或正准备登记，其防治作物有蔬菜、水稻、小麦等。如南京农科院防治水稻纹枯病的微生物制剂，新疆农科院防治棉花枯黄萎病的复合微生物制剂等。

微生物食品：全国很多地方关于食用菌代用料的研究表明，栽培食用菌可利用的秸秆种类相当多，如利用豆秸栽培平菇，利用玉米芯栽培金针菇，利用麦秸、稻草栽培双孢菇等，这些都表明农产品的下脚料在栽培食用菌方面拥有众多优势。

微生物环境清洁剂：湖北省已经研制出快速分解城市生活垃圾的菌株，这对保护环境生态有重要意义；上海农科院针对养猪污水排放问题，选出了适合上海地理气候条件的菌株群"浦江菌"，将菌剂播撒在猪圈的粪尿池中，清除臭味的同时还可有效杀死蝇蛆，养殖户无须冲洗猪圈，这样就实现了无粪水、无污染。

保护生态环境，发展可持续农业，这一重任已经落在我们这代人的肩上。在保持工业、农业发展的同时，还不能破坏自然环境和生态环境，可谓任重而道远。大力发展节土、节水、无污染的白色农业，在保护生态环境的同时，还能将中华民族的生存环境改造成锦绣公园，进而实现可持续发展战略的国际大目标。

白色农业在国外发展情况

白色农业同样也受到了国际农业科技界的关注。1997年，"国际农业和生物科学中心"总裁吉姆·吉尔莫先生考察了中国的白色农业后，表现出对白色农业事业发展的极大兴趣。如今，白色农业已经登上了世界农业这个大舞台。

在自然界生物圈中,植物是供给者,动物是消费者,微生物是分解者。大力发展白色农业,可实现农业微生物产业化,实现世界各国农业可持续发展的目标。

在20世纪80年代中期,美国已经创办了众多生物工程公司,由生物工程科学家以及企业联合投资经营,在基因工程方面早已取得了瞩目的成绩。如杜邦公司投资建立了新的生物技术研究所。

日本的生物工程技术开发公司的主要精力放在了消耗原料和能源方面,使发酵工程、酶工程得到了快速发展。日本发展生物产业主要依靠饮料、医药、化工企业等,而非创建新的生物产业,这样的发展模式效果非常好。

苏联在加速发展生物工程工业化的过程中已经确定了生物工程研究的重点,就是要聚焦在农业上。当然,白色农业在国外的发展也是从微生物食品、微生物饲料、微生物肥料、微生物农药、微生物能源、微生物环境保护剂等方面展开的。

微生物食品:法国、美国、日本、英国等国已经在利用微生物发酵生产"真菌肉"、食用油等,并已形成规模化生产。螺旋藻被称为"人类未来的粮食",在日本,小球藻已经被用于制作食品面包。食用菌素有"植物肉"的美称,它是一种优良的微生物食品,早已被国际食品界列为21世纪的八大营养保健食品之一。

微生物饲料:白色农业的主导产业是"人畜分粮",因此发展微生物饲料生产已经成为一种趋势。根据美国相关报道,如今全世界畜牧

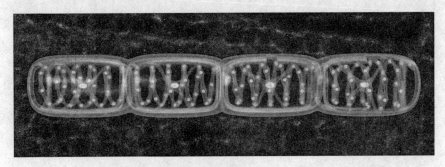

生产的饲料用量减少了很多,这样一来就可大大增加人类的粮食总量。

微生物肥料:当前,国外对微生物研究和生产应用正在如火如荼地进行。使用微生物肥料,可有效改善植物根基的微生物生态环境,进而有效调整土壤酶活力,帮助植物充分吸收营养,提升免疫力,促使植株更好地生长。

微生物农药:长时间使用化学药物不仅会破坏生态环境,还威胁着人类的生命安全。随着微生物农药的兴起和发展,这些问题都一步步得到解决。当前,微生物农药的种类有很多,如由昆虫病毒、细菌、抗生素等组成的动植物生长调节剂、杀虫剂、除草剂、杀菌剂等。

微生物能源:微生物能源应用最广的领域非沼气莫属,沼气不仅可以应用在照明等日常生活当中,还可以用于生产。国外利用微生物发酵生产酒精,进一步替代汽油,并且这种措施已经有了实质性的进展。微生物酒精不会散发出有害气体,自然就不会对环境造成污染,同时还解决了石油紧缺的问题。因此,微生物酒精也被称为"21世纪的绿色能源"。

微生物环境保护剂:近几十年来,国外在潜心研发微生物制剂,这些制剂可有效消除空气、土壤、水等当中的一些有毒气体或有害物质,并已经进行规模化生产、推广。如美国的"EIA生态保护剂"、韩国的"乐土"、日本的"EM"技术等,都属于微生物"除臭剂",深受广大消费者的欢迎。

农业科技推动白色农业发展的意义

改革开放时期,邓小平同志指出:"将来农业问题的出路,最终要由生物工程来解决,要靠尖端技术。"微生物学在生物工程中的意义重大,微生物资源更是实现工程化利用,这就延伸出了白色农业。

白色农业对微生物资源开发有重要作用,微生物饲料是白色农业的主体产业,更是实现"人畜分粮"的基础。随着现代科技的发展,今

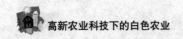

后还会出现更多的白色农业新产业。那么，白色农业的发展意义都有哪些呢？

缓解我国的人口和资源矛盾

随着改革开放的开展和推进，我国农业和农村经济取得了一些成就。然而，我国人口基数大，加上人口增长速度过快，在这种大背景下，我国的人口、资源、环境之间的矛盾愈发激烈。为了缓解这种矛盾，发展白色农业势在必行。

白色农业是利用地球上较为丰富的微生物资源，通过酶工程和发酵工程，以工厂化方式进行生产，在节地、节水方面有很大的优势。发展白色农业才能真正有效节约耕地，实现退耕还林、退田还湖，进而有效解决人口和资源、环境之间的矛盾。

实现"人畜分粮"，解决粮食紧缺

随着时代的发展，我国的粮食产量虽然有大幅度增长，但人均占有粮食量并没有得到相应的提升。与此同时，饲料粮在粮食总量中所占的比例却增加了很多。这是因为随着人民生活水平的提高，消费结构也随之改变，人们对肉、蛋、奶等的需求不断上升。当然，这一比例依然呈不断上升的趋势。

传统农业"人畜共粮"的模式造成了"人畜争粮"的矛盾，这也是造成我国粮食压力大的关键原因。发展白色农业，将"人畜共粮"模式调整为"人畜分粮"模式，如此一来就可极大地缓解粮食紧缺问题。

一方面，白色农业通过微生物发酵工程和酶工程生产出菌体蛋白、单细胞蛋白等供人所需，在满足人体日常所需的同时，还降低了对口粮的消费。另一方面，将微生物发酵技术与现代生物技术相结合，将农作物秸秆、农副产品下脚料等转化为饲料，既节约了饲料用粮，还有效利用了有机废弃物，在降低成本的同时，还提升了经济效益和生态效益。

保护生态环境，实现可持续发展

通过微生物将农作物秸秆、农作物有机废弃物转化为微生物肥料

第一章　白色农业的历史发展变迁

等，在保护生态环境的同时，还开辟了农业可持续发展的新天地。而微生物肥料活化了土壤中一些难以被利用的元素，可以保证土壤肥力，提升土地资源的可持续生产能力。

微生物农药有着高效、安全、无残留的优势，可大大降低种植户对化学农药的依赖，同时有效降低农产品当中的毒害物质残留。微生物饲料可促使畜禽肠道建立有益菌群，进而抑制病原菌繁殖，提升动物的抗病性，减少抗生素以及化学兽药的使用，降低农药在畜禽产品中的残留，让人类吃上更优质、安全的畜禽产品。

迎接21世纪新的农业科技革命

党的十五大报告中指出新时期我国农业和农村经济发展的指导方针是："积极发展产业化经营，形成生产、加工、销售有机结合和相互促进的机制，推进农业向商业化、专业化、现代化转变。"

发展白色农业是改革传统农业、实现创新的科技伟业，我国著名科学家钱学森院士指出："创立农业知识密集产业，将会引起整个社会的生产体系和经济结构的变化,从而引发出第六次产业革命。"

人类社会的产业革命可以分为五次,第一次是原始农业革命,第二次是手工业革命,第三次是大工业革命,第四次是商品国际化革命,第五次是信息革命。而钱学森认为,第六次革命将会从新农业科技开启,这是一个深刻而现实的课题。

农业产业化可有效解决我国农业的深层次矛盾,这是农村改革的迫切需求,是转变农村发展方式的必然选择,更是推进农业走向现代化、实现城乡一体化、建立贸工农一体化企业的必由之路。

发展以生物工程为核心的"白色农业",以"大农业理论"为重要内容,落实党中央和国务院关于"进行一次新的农业科技革命"的战略部署,"积极探索促进农业发展的新思路、新办法"的具体行动,建立"多相形态"的农业生产模式,合理践行"三色农业",这将是人类历史上最具时代意义的变革之一。

21世纪,中国新农业科技革命中的绿色"露天农业"和白色"工厂农业"共存,绿色、白色、蓝色农业生产会打造出"多相形态"的农业新格局。

第二章
生物防治技术以柔克刚

由于长期使用化学农药,一些病害虫产生了抗药性,加上大批量害虫的天敌被杀灭,导致一些害虫十分猖獗。同时,化学农药严重污染了大气、水体、土壤等,又参与到食物链中,危害着人类的健康。我国在生物防治虫害方面有着悠久的历史,这种方法可有效避免上述缺点,还有着广阔的发展前景。

昆虫不育技术的应用和发展

从20世纪50年代开始,我国开始进行昆虫不育技术以及对控制害虫的研究。到目前为止,已经做了大量的工作,取得了一定的成效,无论是田间应用还是昆虫的大量饲养等方面,不育技术的范畴正在不断地扩大着。

在未来,农业管理者和参与者要对植株病虫害防治有一个全方位的设想,不仅防治手段需要做到高效、安全、科学、精准,更需要掌握农林业有害生物基础性研究、发病机理、防控手段等内容,注重以生态学、环境保护学理念，对有害生物进行精准防治，保护非靶标生物。

昆虫不育技术利用遗传学的方法防治害虫，对环境危害较小，而且害虫不容易产生抗性，对害虫的防控效果十分显著，甚至还能使害虫几个世代的种群急速下降，有时能达到基本消灭或替换。目前，昆虫不育技术防治包括辐射不育、杂交不育、化学不育等，当然，在农业生产过程中以研究辐射不育为主。

辐射不育是利用辐射使昆虫体内产生显性致死突变，产生不育并且有交配竞争能力的雄性昆虫。将这些雄虫投放到该种的野外种群当中，可有效促使野外种群所产虫卵不能孵化而死亡，可有效降低野外害虫种群的虫口密度。辐射源主要有微波、可见光、紫外线、中子、α射线、β射线、γ射线等。其中，γ射线有较强的穿透力，因此对其的研究也相对较多。

20世纪50年代，辐射不育技术已经在害虫防治中得到了应用，如美国在库可拉岛利用不育蝇消灭了畜牧业中的害虫——新大陆螺旋蝇，这可以说是人类历史上第一次成功灭种了自然界中的害虫种群。

南澳大利亚州是一个受果蝇危害的州，为防止果蝇入侵，澳大利亚在南澳州北部的奥古斯塔港建立了国家昆虫不育技术中心，利用升级版生物安全措施，引入雄性不育果蝇，让其和野生雌性种群交配，进而产生不育的后代，有效减少了果蝇的数量，提高了其园艺产品在国际市场当中的竞争力。

目前，国内外在多种害虫的不育性研究方面已经进入实际应用阶段，这种不育技术有着专一性，对人或其他高等动植物并没有太大危害。

在未来，昆虫辐射不育技术的研究会向简捷性、应用性的方向发展。到那时，科研人员不需要在实验室集中对样本进行辐射处理，只需带着相关仪器走在田间地头，就可以对害虫进行大面积辐射处理。当然，这种辐射并不会影响周边动植物等的正常生长、发育。如此简单的操作就能让野外环境下的害虫产生不育后代，有效提高不育技术的使用效果。

高效新型害虫引诱剂

害虫引诱剂是模拟自然界中昆虫的性信息素，通过释放器释放到田间，进而诱杀异性害虫的一种高科技产品。这种技术在诱杀害虫的过程中并不会波及植物和农产品，所以广大消费者无须担心农药残留等问题，这种农业技术也是现代生态农业防治害虫的首选。

未来，人类将在对害虫种内交流通信信息化合物、寄主植物源的挥发性物质化学成分的研究之上，筛选出对害虫有高效引诱作用的挥发性活性成分，然后将植物挥发物和昆虫信息素提取物按照一定比例混合，研制出可以捕获目标害虫的新型高效引诱剂诱芯，可在一定范围内将大多数目标害虫聚集在一起。害虫种内交流通信信息化合物、化学物质的高效合成技术、引诱剂的缓释技术等都是未来新型高效害虫引诱剂的基础。

如今，确定的昆虫信息素包括扩散信息素、性信息素、踪迹信息素等。昆虫大多以类群生活，这种特性决定了昆虫有高度的特异性和多样性。这两种特性不仅体现在外观上，也体现在信息素当中，有些看似外观很像的种类，却有着特异性的信息素。

与此同时，昆虫有着发达的感受系统，微量的信息素就可以引发昆虫的生理反应。比如，每只雄性蚕蛾每次释放的信息素可以吸引100万只雄性蚕蛾。正是因为昆虫信息素的多样性、特异性、微量产生等特性，给科研人员收集、分离和鉴定信息素带来了很大的挑战。

目前，科研人员可以观察到昆虫比较明显的信息素特征，却不能很好地对其进行收集、分离、鉴定。因此，想要通过信息素来引诱害虫是很难实现的。比如，天牛类昆虫的信息素已经被证明广泛存在，但相关人员依然没能通过信息素成功引诱天牛。

农业中常用的另外一种引诱剂是寄主植物源挥发性物质。如今，国外一些国家已经研发成功，然而面对数量庞大的害虫群，这不过是杯水车薪。昆虫经过几亿年的不断进化，和寄主植物建立了相对稳定的进化关系，但是从理论上来讲，利用植物源挥发性化学物质引诱害虫的前

第二章 生物防治技术以柔克刚

景依然十分广阔。

无论是利用昆虫信息素还是植物源挥发性化学物质引诱害虫，前提都是科研人员对这些物质进行收集、分离和鉴定。针对这些环节，需要更加精准的技术手段和相应的工具。未来可能会发展出更高效的仪器设备，更好地收集昆虫信息素和植物源挥发性化学物质。

总而言之，在对昆虫信息素和植物源挥发性化学物质的分离、鉴定过程中，我们的科研人员还会开发出更加智能、高效、轻便的科研仪器设备。科技的进步和智能仪器的发展，推动着新型高效害虫仪器设备的向前迈进。

此外，化学物质的高效合成技术是应用昆虫信息素和挥发性化学物质的前提，需要科技发展和昆虫学家、化学家共同努力，尤其是化学物质合成更需要专家合作才能有效实现这一技术。

在未来，农业科研人员对昆虫的感受系统会有更多的认知，随着这个过程的简化，或许在实验室就可以完成上述测试。在野外应用过程中，保持引诱剂的高效性是科研过程中的又一大难题。保持引诱剂的高

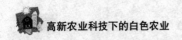

效性主要是引诱剂的缓释技术，它是农业科研人员必须解决的问题。当前，松褐天牛引诱剂产品应用十分广泛，但其发挥过快，在夏季，一瓶引诱剂不到几天时间就会完全挥发,因此每隔几天就要添加一次引诱剂，这对大面积推广应用是一个巨大的挑战。

想要解决这一难题，就需要在未来的开发过程中，在引诱剂中添加一些减缓化学物质挥发的物质，也可以利用一些吸附性的引诱剂来实现。与此同时，还应开发一些智能设备，如通过自动控制引诱剂释放孔开合设备，实现在害虫相对活跃的时期开放，而在非活跃时期自动关闭。如此一来，一方面可以提升引诱剂的使用效率，另一方面也降低了引诱剂的成本。

在未来科技发展的过程中，随着害虫无公害防治方面的科技投入不断增加，实现上述技术并非遥不可及。另外，随着人工智能科技的发展，也为人类和害虫的斗争提供了更高效的手段。

害虫共生菌的研究利用

近些年，有关昆虫共生菌的研究是一个重要热点，相关科研人员发现害虫和微生物的共生现象十分普遍，它们多数存在于害虫的消化道内，在害虫的营养、抗药性等方面发挥着十分关键的作用。

人体是一个庞大的生物系统，体内含有亿万个共生微生物，微生物和人类的生老病死、饮食等都有着密切的关系。害虫也是如此，随着长期的进化，其体内的微生物和害虫建立起了互利共生的关系，微生物平衡一旦被打破，就可能导致害虫死亡。相关科研人员可利用这个原理展开深入研究，在病虫害防控方面取得长足发展。

科研人员调查发现，改变害虫体内的共生菌，会对其免疫力造成一定的影响。众所周知，抗生素会损害很多有益细菌的健康，也会影响到服用者体内的共生细菌。研究人员让实验室中的小老鼠连续四周服用抗生素后，发现它们体内的共生菌数量降低到了原来的 1/6~1/5，其体内的细菌组成也发生了很大的改变。

在服用抗生素之前，小老鼠体内大都是革兰氏阳性细菌，服用抗生素后，其体内一半的共生菌被革兰氏阴性细菌替代。随后，科学家让这些小老鼠感染流感病毒，和没有服用过抗生素的小老鼠相比，其免疫机能变得相对脆弱，免疫细胞的数量急剧下降，体内抗流感病毒的数量也比没有服用抗生素的小老鼠少很多。

小老鼠体内的共生菌有很多，那到底哪类细菌会起到抗病毒的作用呢？最初，科学家为小老鼠服用的抗生素相对广泛，如新梅素、万古霉素、青霉素等，但为了更好地区别菌类，科学家让小老鼠单独服用某种抗生素，结果发现小老鼠服用万古霉素、青霉素等后，对流感病毒的免疫能力并没有太大变化，唯独服用新霉素后，小老鼠的免疫机能明显减弱。

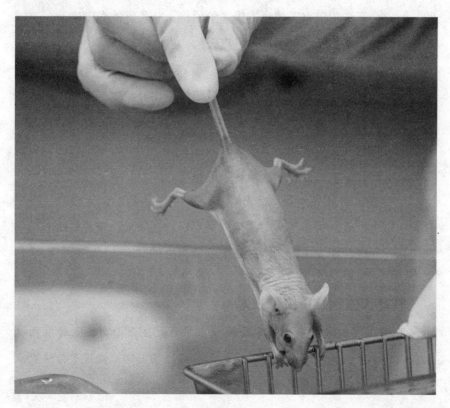

科学家还研究了哪些共生菌可以促使小老鼠更好地对抗流感，研究表明，一种名为"炎性小体"的蛋白质复合体对其抗流感起到关键性的作用。炎性小体富含多种蛋白质，是免疫系统的重要成分之一，它被激活后，可有效激发体内抵御相关感染的免疫机制。而服用抗生素的小老鼠，身体中的共生菌落发生了改变，病毒入侵后，体内的炎性小体不能被有效激活，自然就无法产生有效的免疫细胞，更不能和流感病毒展开生死较量。

与此同时，某些共生菌还可以改变宿主的生殖行为，进而加强其下一代的垂直传播。以沃尔巴克氏菌为例，它可有效阻断登革热病毒在蚊子体内繁殖，通过人工手段可实现和蚊子的共生，进而切断蚊子对登革热的传播。将带有共生菌的蚊子放生，让更多蚊子通过繁殖的方式带上共生菌，最终导致雌蚊不育。一些感染细菌的雌蚊虽然仍可以交配产卵，但它会把沃尔巴克氏菌病毒传递给后代，从长远的角度来看，这样的趋势会让更多蚊子感染上沃尔巴克氏菌，进而抑制登革热的传播。

某些害虫的共生菌对害虫来说有解毒功效，以聚团肠杆菌在实蝇体内为例，其将植物源有毒物质根皮苷降解脱毒。给实蝇食用不同浓度的无菌根皮苷溶液后，聚团肠杆菌可有效降解低浓度根皮苷溶液对实蝇的毒性。科研人员可利用这种特性，人工去除聚团肠杆菌，让实蝇取食含根皮苷的物质而亡，进而降低其种群数量。

共生菌的作用还有很多，如它参与害虫对食物的消化吸收、可引诱害虫取食产卵、可参与害虫的体内循环等。在未来，农业科研人员将利用相关原理，研发出更多新科技来抑制害虫种群的数量。

转基因植物抗病虫害技术

基因工程技术在农业等方面展现出了巨大生产潜力，如转基因技术在当代农业应用中创造出了很多的转基因植物，彻底颠覆了传统农业种植观念。目前，转基因植物的应用主要体现在杂草防治、病虫害防治等方面。

我国是一个农业大国,也是农作物灾害较为严重的国家之一。以虫害为例进行说明,我国每年因虫害导致水稻减产10%,棉花减产20%~30%,小麦减产近20%。目前,对农作物病虫害的防治主要依靠化学农药。从长远的角度来看,全球人类需要发展绿色环保的农业,才能从根本上抑制化学药剂的使用。随着转基因工程技术的发展,它将有效解决农业病虫害方面的问题。

转基因植物抗病虫害工程是现代生物技术研究领域的重要成果之一,如今已经从植物本身、细菌中发现并分离出很多抗虫基因,相关科研人员将这些基因导入植物体内,由此便得到了抗虫的转基因植物。

从基因工程农作物大田试验上来看,主要有抗虫类、抗病毒、抗真菌类的工程作物等。实践表明,转基因技术利用动物、植物、微生物体内优异的基因,可培育出质量更好、品质更高的新品种。

我国科研人员已经培养出一批转基因植物,如抗黄矮病小麦、抗棉铃虫棉花等,如今已经进入大规模推广应用的阶段。植物抗病虫的基因有很多,当前使用最多的有三种:植物凝集素基因、豇豆胰蛋白酶抑制基因(CPTI)、苏云金芽孢杆菌的杀虫结晶蛋白质(Bt基因)。

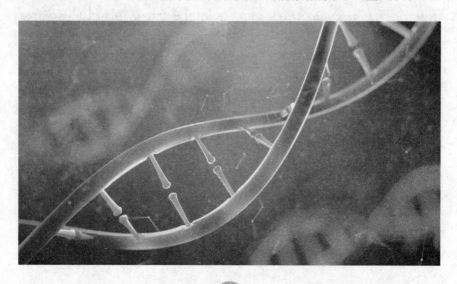

苏云金芽孢杆菌的杀虫晶体蛋白质（Bt 基因）的应用最为引人注目。1901 年，德国科学家伯利纳从粉螟感病幼虫体内第一次发现了苏云金芽孢杆菌。苏云金芽孢杆菌（Bt）是一种革兰阴性菌，它在孢子的形成中会合成一种物质——δ-内毒素。δ-内毒素以原毒素形式存在，当昆虫取食后，它会在消化道中被活化，随后和昆虫肠道上皮细胞的一种蛋白质结合，使 δ-内毒素部分甚至是全部镶嵌在细胞膜当中，让细胞膜产生一些孔道，最终破坏细胞的渗透平衡，让昆虫幼虫因停止进食而亡。

从 Bt 菌株中分离出的毒蛋白，含有至少 90 多种基因编码。许多年以来，Bt 毒蛋白编码基因在转基因植物抗虫工程中的应用取得了卓越成效。随着转基因动植物的研究、开发、应用，新农业技术将成为植物病虫害防治的关键方向，相信在未来将会有更多抗病虫基因的植物出现。

如今，我国相关科研人员对多种农作物在转基因方面的研究取得了很大成就，如为有效防治水稻病虫害的危害。华中农业大学和中国农业科学院生物技术研究所合力研发了转 Bt 基因水稻，这种转基因水稻对二化螟、三化螟以及稻纵卷叶螟的抗虫性效果极好。

转基因植物的课题研究是当前农业技术中进步最快的一种新技术。未来，在不危害人类健康的基础上，抗病虫转基因植物的研究将会得到更加快速的发展。

转基因昆虫、病毒、细菌的抗病虫害技术

转基因植物通过改变植物的特性来应对病虫害对植物本身的危害，而转基因昆虫、病毒、细菌等则是将改变对象设定为昆虫、病毒、细菌等，抑制害虫的繁殖和生长。那么，这种抗病虫害技术又是怎样的呢？让我们一起来看看吧。

随着夏天的到来，蚊虫进入了人们的生活当中。蚊子是各种传染病的媒介，尤其是早几年一度被热议的寨卡病毒。寨卡病毒是继埃博拉

第二章 生物防治技术以柔克刚

之后再次引发全球关注的病毒，蚊子就是传播这种病毒的主要媒介。

寨卡病毒对孕妇的影响非常大，2015年，寨卡病毒在巴西暴发之后，携带寨卡病毒的孕妇分娩出畸形婴儿的比例急剧上升，在20多个国家和地区出现此疫情。

由此可见，蚊虫传播病毒的后果十分严重。生活中，人们常会用蚊帐、杀虫剂、蚊香等工具防蚊，但是这些工具都不能从根本上解决问题，同时杀虫剂还会破坏生态环境，对人类自身也会造成一定的伤害。

在此大背景下，通过转基因蚊子防蚊的设想就显得别出心裁。早在20世纪30年代，美国科学家就认为可以培育一些能交配但不能繁衍后代的蚊子，将其投放到自然界中，或许可以有效减少下一代蚊子的数量。

这种设想诞生后，在接下来的时间里，科学家们一直致力于将其变成现实。进入21世纪后，科学家开始在蚊子身上尝试使用转基因技术，这种技术相比射线更加精准。科学家将一种特殊的基因植入蚊子原有的基因组当中，但这并不会影响蚊子的其他基因功能，这种技术的可

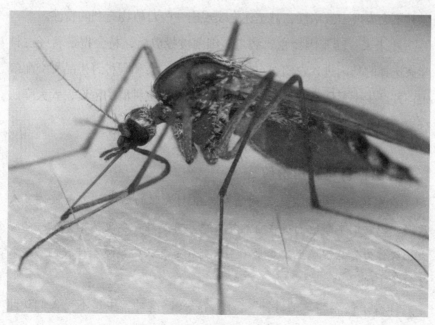

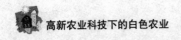

操控性较强，效率也相当高。

  2012年，英国科学家在雄蚊体内植入了让雌蚊失去飞行能力的基因。在雌蚊体内，有一种帮助其飞行的物质不停地产生，当相关基因发生转变时，就会使雌蚊失去飞行能力。对于野生的雌蚊而言，不能飞行就等于死亡，因为雌蚊更容易被天敌捕杀。这样一来，它们就无法实现交配和传播病毒。与此同时，由于这种基因会代代相传，蚊子对病毒的传播自然就会得到遏制。以转基因蚊子对抗传染病，意味着人类和病虫害的对抗已经进入生物学阶段，可以从根本上解决传统方式对环境的影响以及对人类的危害等问题。

  相信在未来几十年的发展中，会有更多携带显性致死基因的雄虫向农田生态系统中投放，当其和野生雌虫交配后，其后代将因含有显性致病基因而亡，这样一来，害虫的种群数量就会得到控制。

  转基因植物病毒、转基因植物细菌通过相关技术经过人工筛选出来后，将会和野生植物病毒、细菌一起进入生态环境当中。在未来，植物病害发生前可将这些产品喷洒在农田中，因为是经过人工改造的，所以并不会表现出致病性，甚至还会表现出一些对植物有利的特性。

  在未来，转基因昆虫、病毒、细菌被投放后，将会携带着经过科学家选择的基因进入农田、自然环境中，它们会和同种野生品种交配繁殖，并产生不育后代，这样就可大幅度降低害虫种群的密度，大大降低病虫害的发生。

害虫也有可利用价值

  有害昆虫的出现是人类对自然无限制索取的结果。害虫被许多人厌恶，但它们不断地涌现在自然界当中。可是在一些发达国家，一些害虫已经作为食品被端上了餐桌……这到底是怎么回事呢？让我们一起来了解一下吧。

  洋辣子俗名叫"棺材针"，顾名思义，这种害虫是不受人们欢迎的。谈及洋辣子，很多人对它都厌恶至极，因为不少人都领教过它的厉害。洋辣子是危害较大的害虫之一，会危害多种果树、经济作物、花卉等，其幼虫只吃叶肉，长大后的洋辣子甚至会将叶子吃得精光，严重影响树木的生长和发育。

洋辣子通常躲藏在叶子下面，因为它的颜色和植物叶子的颜色相近，一般不容易被人察觉。一般而言，一片叶子上时常会依附着两三条洋辣子。不少爬山的人都有这样的经历，在不经意间被某种生物蜇伤。

其实，洋辣子本身并没有毒性，也不会咬人。人受其害的原因主要是它身体上的刚毛，它们的刚毛具有一定的毒素，如果不慎被蜇伤，就会出现疼痛感和红肿现象，一般几天就会痊愈。

在许多人看来，洋辣子是百害而无一利的害虫，这是因为我们对它不够了解。洋辣子身上隐藏着惊人的价值，其幼虫富含高蛋白，也被称为"洋辣子罐"。在农村，洋辣子罐是一道独特的美食，而且烹调方法并不复杂，只需将其放置在炭火中即可。其最常见的做法是带壳盐爆，味道鲜美，丝毫不亚于蟹膏蟹黄。

有些人在冬天还会摘收一些做茧悬挂在枝头的洋辣子，打开茧取出幼虫放进锅中，不需要加入任何食材，只需慢慢用小火干煎，裂皮后即可食用。这样烤出来的洋辣子香脆可口，并泛着金黄色的油光。当洋辣子进入城市，就是身价极高的美味。

不仅如此，松毛虫也已经成为餐桌上的美味了。长期以来，松毛虫一直困扰着葫芦岛的人民，他们一直想找到消灭它的方法。如今，随着人们食用松毛虫风气的兴起，当地政府部门想到了一个不错的办法。

松毛虫开始会将自己束缚在茧蛹中，随后会生产400多粒虫卵，如果得不到很好的防治，就会引发严重的虫害问题。而人们通过吃的方法，很好地控制了这种害虫。由于多年来，人们对松毛虫的厌恶已经达到根深蒂固的程度，所以并不会很轻易地就将其送进嘴巴。为此，葫芦岛市林业部门的公务员带头试吃松毛虫，在中午的餐桌上摆放油炸松毛虫的茧蛹，曾经吃过的人已经动筷子食用了，并不断鼓励身边没有吃过的人尝试。当群众看到他们津津有味地吃着的模样，终于也有人将筷子伸向了那道美味，接着又出现了第二个……尝过这道"大餐"的人都认为这是一道美味。相信通过这次成功的试吃，葫芦岛解决松毛虫害的日子将不再遥远。

未来，害虫资源的开发还会不断延伸，随着人们生活观念的改变，很多害虫会变废为宝。如食叶毛虫等会被制作成标本，被更多标本收藏者收集；毁坏木头的白蚁、蝇蛆等都将会成为富含活性蛋白质的美白食品；还有危害甘薯的天蛾、危害桃树的桃六点天蛾，其体内的蛋白质可用于化妆品领域。总之在未来，害虫的开发前景是非常广阔的。

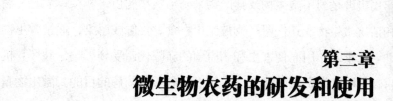

第三章
微生物农药的研发和使用

微生物农药是 21 世纪农药工业的新产业,代表着植物未来保护的方向,它最大的优势是可以有效克服化学农药对生态环境的破坏,以及残留农药给人体带来的危害。与此同时,在推广微生物农药应用的过程中,农副产品的品质将大幅度提高,进而有效促进农村经济快速增长。

微生物农药主要品种识别

白色农业在多个方面初步实现了微生物资源开发利用的产业化,其中就包括微生物农药。微生物农药是 21 世纪农药工业的新产业,代表着植物保护的方向。

微生物农药不像化学农药那样对生态环境造成污染,它可以减少农副产品中农药的残留量,这是其最大的优点。此外,在示范推广微生物农药应用的过程中,农副产品的品质和价格将大幅度上升,能够促进农村经济增长和农民增收,社会效益不可估量。

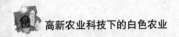
高新农业科技下的白色农业

微生物农药的基本概念

微生物农药泛指由可以进行大规模工业化生产的活体微生物及其代谢产物加工而成的具有杀虫、灭菌、除草、杀鼠作用的活性物质。其作用机理是利用微生物或其产物来防治植物病虫害和杂草危害。病原体和拮抗微生物或其代谢产物被昆虫吞食、接触或感染,通过微生物的活动、毒素的作用而使害虫和病原菌的新陈代谢受到影响,破坏其机体器官,影响其发育繁殖或变态,从而达到灭菌防病的目的。微生物农药对植物、脊椎动物和人类无害,不会污染环境,不会危害害虫的天敌。

微生物农药的主要品种

农业科技为微生物农药的研发提供了大量的技术支持,最终研制了多个品种的微生物农药,分别为微生物杀虫剂、微生物杀菌剂、微生物除草剂、微生物植物生长调节剂、微生物杀鼠剂、微生态制剂等,具

体内容如下：

1. 微生物杀虫剂

微生物杀虫剂主要分为细菌型、真菌型、病毒型、抗生素型、原生动物微孢子虫及线虫型。如今已经开发成产品并投入使用的细菌型杀虫剂有苏云金芽孢杆菌、日本金龟子芽孢杆菌、球形芽孢杆菌、缓病芽孢杆菌。在微生物杀虫剂中，种类最为繁多的为真菌型杀虫剂，目前已发现了上百属800多个品种，其中应用最为广泛的为白僵菌、绿僵菌、拟青霉菌。抗生素型杀虫剂主要有阿维菌素、浏阳霉素、华光霉素、韶关霉素、梅岭霉素等，其中的阿维霉素是发展最快、品种最多、防治效果最好、使用最广泛的抗生素型杀虫剂。

2. 微生物杀菌剂

微生物杀菌剂有三大种类，分别为细菌型、真菌型和农用抗生素型。细菌型杀虫剂包括枯草芽孢杆菌、假单胞杆菌、蜡质芽孢杆菌、草生欧式杆菌、地衣芽孢杆菌等。真菌型杀菌剂有木霉制剂、球毛壳菌制剂、非致病性的尖孢镰刀菌制剂、盾壳霉。农用抗生素型杀菌剂主要包括春雷霉素、井岗霉素、公主岭霉素、农抗5120、农抗75-1、灭瘟素、多氧霉素、灭孢素、中生菌素、阿司米星等。

3. 微生物除草剂

微生物除草剂包括真菌型、细菌型和病毒型。真菌型除草剂多来自丝孢纲和腔孢纲的链格孢属、镰孢属、刺盘孢属真菌。细菌型除草剂大部分为革兰阴性菌、假单胞菌属、欧文氏菌属、黄单孢菌属以及少量革兰阳性菌。

4. 微生物植物生产调节剂

微生物植物生产调节剂最主要的品种是赤霉素，它具有促进双季杂交水稻分蘖、齐穗和早熟的作用。此外，还有细胞分裂素、增产素、脱落酸等类型。

高科技与苏云金芽孢杆菌制剂

随着人们环保意识的不断增强,生物农药正在引起越来越多的关注。1956年,苏联发明了用液体培养基摇瓶培养苏云金芽孢杆菌并用于防治菜青虫的方法,就此揭开了苏云金芽孢杆菌大规模培养的序幕。

苏云金芽孢杆菌制剂克服了传统化学农药污染环境、危害人畜、易产生抗性等缺点,具有选择性强、安全、原料简单等优点,因此在生物杀虫剂市场中所占的份额也日益增加,中国从20世纪60年代开始了规模化生产。

苏云金芽孢杆菌的基本概念

苏云金芽孢杆菌(简称Bt)是一种重要的杀虫杆菌,它的主要杀虫成分是伴孢晶体,在芽孢形成初期会形成杀虫晶体蛋白,对敏感昆虫有特异性的防治作用。苏云金芽孢杆菌制剂对鳞翅目、鞘翅目、双翅目、

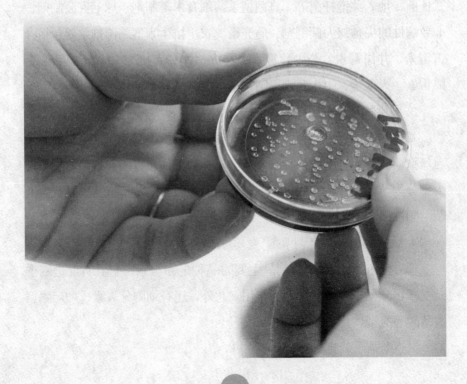

膜翅目、同翅目等昆虫及线虫、蜱螨等都有特异性的毒杀活性。

苏云金芽孢杆菌的六大优点

第一，使用安全，对人畜没有毒害作用。在人和家畜、家禽的胃肠中，Bt杆菌的蛋白质毒素没有任何影响。

第二，选择性强，不伤害天敌。Bt杆菌只能特异性地感染一定种类的昆虫，不会危害昆虫的天敌。

第三，不影响土壤微生物的生存，不污染环境，是一种干净的农药。

第四，连续使用，会变成害虫的疫病流行区，促使害虫病原苗的广泛传播，从而实现自然控制虫群密度。

第五，生产的产品没有残留毒性，可安全食用，蔬菜和果实的风味也不会改变。

第六，相对而言，不易产生抗药性。虽然最近已经有了抗药性的报道，但不像化学农药那么快。

苏云金芽孢杆菌制剂的种类

苏云金芽孢杆菌制剂的生产主要包括发酵和制剂成型两部分。发酵可分为固体发酵、液体发酵和一步扩大培养发酵三种方式，以液体发酵为主。其剂型分为很多种，有粉剂、可湿性粉剂、悬浮剂、浓水剂、油剂、颗粒剂、片剂、ES、缓解剂、生物包被剂等，我国主要应用油剂、粉剂、悬浮剂、可湿性粉剂。

目前，苏云金芽孢杆菌商品制剂已达到上百种，是世界上开发得最成功、应用最广泛、用量最大、效果最好、市场前景最广阔的微生物杀虫剂。

苏云金芽孢杆菌作用机理

害虫蚕食了伴孢晶体和芽孢后，伴孢晶体会在害虫的肠内碱性环境中溶解，释放出对鳞翅目幼虫有较强毒杀作用的毒素。这种毒素会让幼虫的中肠产生麻痹，进而产生中毒症状、食欲减退，对接触刺激反应失灵，厌食、呕吐、腹泻、行动迟缓，身体逐渐萎缩或蜷曲。通常情况下，对作物不再产生危害。

发病一段时间后，害虫肠壁破损，毒素逐渐进入血液中，引发败血症，被吞食到消化道内的芽孢迅速繁殖，加快害虫死亡的进程。死亡害虫身体逐渐出现疲软，最终呈现黑色。所以，害虫蚕食了苏云金芽孢杆菌后要经过一个发病过程才会逐渐死掉，大约需要48小时才能彻底杀灭害虫，虽然没有化学农药杀虫的速度快，但染病之后的害虫不会再危害作物。

菌株在农业生产中的应用

苏云金芽孢杆菌广泛应用于十字花科蔬菜、茄果类蔬菜、瓜类蔬菜、烟草、水稻、高粱、大豆、花生、甘薯、棉花、茶树、苹果、梨、桃、枣、柑橘、棘等多种植物的害虫防治，主要用于防治鳞翅目害虫，如菜青虫、小菜蛾、甜菜夜蛾、斜纹夜蛾、甘蓝夜蛾、烟青虫、玉米螟、稻纵卷叶螟、二化螟等，但其防治可能会由于接触不充分等因素而存在一定的局限性。苏云金芽孢杆菌防治仓储害虫主要有两种施药方法，一种是表面施药，另一种是粮食运转时全堆埋药。

使用苏云金芽孢杆菌的注意事项

苏云金芽孢杆菌对蜜蜂、家蚕会有一定的毒害作用,施药期间应尽量避免对周围的蜂群产生影响,蜜源作物花期、蚕室和桑园附近禁用;对鱼类等水生生物有一定的毒害作用,施药的时候一定要远离水产养殖区,禁止在河塘等水体中清洗施药器具。

苏云金芽孢杆菌不能与内吸性有机磷杀虫剂或杀菌剂混合使用,如乐果、甲基内吸磷、稻丰散、伏杀硫磷、杀虫畏等,也不能和碱性农药等物质混合使用。

使用苏云金芽孢杆菌时必须穿戴防护服和手套,避免吸入药液,施药期间要避免进食和饮水。施药之后要马上用清水洗手和洗脸,孕妇和哺乳期妇女要避免与其接触。同时建议与其他作用机制不同的杀虫剂轮换使用,以延缓抗性产生。

农业科技下的白僵菌制剂

白僵菌是半知菌类丝孢纲丛梗孢科白僵菌属的虫生真菌,包括球孢白僵菌、卵孢白僵菌、白色白僵菌、双型白僵菌、蠕孢白僵菌、缘膜白僵菌,我国主要应用的是球孢白僵菌。

白僵菌菌丝有隔、无色透明,直径约为1.5~2.0微米。白僵菌菌落平坦,前期呈绒毛状,后期呈粉状,表面白色至淡黄色。分生孢子梗多次分叉,聚集成团,呈花瓶状。分生孢子呈球形或椭圆形,着生在小梗顶端。

适宜白僵菌生长的条件

白僵菌的生长温度为5℃~35℃,最适宜的生长温度为22℃~26℃,相对湿度为95%以上时适于菌丝生长。温度低于30℃、相对湿度低于70%时有利于产生分生孢子,分生孢子的萌发条件为相对湿度95%以上。

白僵菌喜欢氧气,最好用固体培养基培养,在培养基上可存活1~2年,低温干燥条件下可以存活5年,在虫体上可维持5个月。白僵菌对

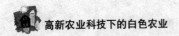

营养要求不高,在以黄豆饼粉或玉米粉等为原料的固体培养基上就可生长良好,并能形成分生孢子,培养物干燥后就能制成白僵菌制剂。

白僵菌的杀虫作用及优点

白僵菌是一种光谱性寄生真菌,能侵染鳞翅目、直翅目、鞘翅目、膜翅目、同翅目等 15 个目 149 个科 700 多种昆虫和螨类,对人畜和环境无害。通常情况下,害虫不会产生抗药性,可以与杀虫剂、杀螨剂、杀菌剂同时使用。

白僵菌高孢粉无毒无味,不污染环境,对害虫具有持续感染力,害虫一经感染会连续侵染传播。其具有高选择性、无残留、无抗性、能再生等优点。

白僵菌制剂的剂型和生产流程

白僵菌制剂的生产有液态发酵、固态发酵、液固双向发酵等方式。液态发酵一般产生芽生孢子，芽生孢子活力低、不耐储藏，很难应用于生产实际；固态发酵是白僵菌工业生产的重要方式，但固体开放培养工艺很难避免杂菌污染等问题；液固双向发酵首先经几级液态发酵制得大量白僵菌芽生孢子或菌丝体，再将其接种于固体料上继续培养以获得分生孢子，然后经旋风分离收集纯孢粉，这是白僵菌规模化工业生产较好的方法。

白僵菌制剂的剂型有原粉、粉剂、可湿性粉剂、乳剂、油剂、微胶囊剂、干菌丝及复配剂等。其工业化生产流程为：原菌种—斜面菌种—二级液体或固体培养—正式发酵生产—发酵产物过筛等处理—含孢量计数等质量初步检验—加填充料吸附剂—包装。

白僵菌高孢粉的推广

白僵菌高孢粉是国家林业局推广的高效生物杀虫剂之一，可广泛应用于防治森林害虫、蔬菜害虫、旱地农作物害虫等领域。多年来，国内应用白僵菌对近40种农林害虫进行了成功防治，如今在生产中主要用于防治松毛虫、玉米螟、蛴螬、蝗虫、马铃薯甲虫、松褐天牛、白蚁、茶小绿叶蝉、桃小食心虫等。白僵菌防治最成功的是苗圃、草坪、农田等地方的蛴螬，蛴螬对花生、大豆、蔬菜等多种作物有一定危害。现如今，白僵菌制剂还广泛应用于有机农产品和茶叶生产中。

白僵菌制剂的使用方法

喷雾法。将菌粉制作成浓度为1亿~3亿孢子/毫升菌液，加入0.01%~0.05%洗衣粉液作为黏附剂，混合好之后利用喷雾器将菌液均匀喷洒于虫体和枝叶上。也可以收集因白僵菌侵染至死的虫体进行研磨，兑水稀释成菌液（每毫升菌液含活孢子1亿个以上）喷雾，100个死虫体兑水80~100千克喷雾。

喷粉法。将菌粉加入填充剂，稀释到1克含1亿~2亿活孢子的浓

度，用喷粉器喷菌粉。通常来讲，喷粉的效果低于喷雾。

土壤处理法。这种方法多用于防治地下害虫，将菌粉和细土混合制成菌土，按照每亩用菌粉3.5千克的剂量，用细土30千克，混拌均匀，即制成含孢量在1亿个/立方厘米左右的菌土。施用菌土分播种和中耕两个时期，在表土10厘米内使用。

生物防治技术下的木霉制剂

化学农药的大量使用在防治植物病害的同时，也杀死了环境中的有益微生物，提高了植物病原菌的抗药性，还严重破坏了农业生态系统，造成环境污染。因此，以农业可持续发展为宗旨的生物防治，在农业生产中所起的作用越发重要。

早在20世纪30年代，人们就认识到了木霉菌对植物病原菌的拮抗作用。20世纪70年代以来，国内外对木霉菌的拮抗作用及其机制开展了很多深入研究，有效证实了木霉对病原菌的重寄生现象，在温室及田间试验也取得了较好的效果。如今，商品化的木霉制剂不断问世，国内外已经研发出了几十种木霉商品化制剂。

木霉菌的生物防治效果得到广泛认可

木霉菌是重要的植物病害防治菌，在自然界分布广泛。随着生物防治技术的不断成熟，人们对木霉在植物病害生物防治中的应用潜力逐渐重视起来。自从木霉菌的生物防治效果得到广泛认可以来，关于木霉菌涌现出了大量报道。总体来讲，木霉菌的制剂与加工技术研究较少，木霉菌的大量培养技术尚处于模仿阶段，通常采用液体或半固体生产方法，以此得到大量的菌丝、厚垣孢子或分生孢子。

木霉菌可以用于防治黄瓜、番茄、辣椒、茄子等作物的霜霉病、灰霉病、叶霉病、根腐病、猝倒病、立枯病、白绢病、疫病及油菜菌核病、小麦纹枯病和根腐病。现在，农业部登记注册的木霉制剂有特立克可湿性粉剂。

木霉商品化制剂种类繁多，主要分为四种类型：悬乳剂、可湿性粉剂、颗粒剂和混配剂。悬乳剂是分生孢子悬浮在由矿物油或植物油与乳化剂等助剂组成的乳液中而配制的制剂；可湿性粉剂由分生孢子粉与粉

状载体及湿润剂混合而成；颗粒剂由分生孢子与载体混合搅拌而成；混配剂由孢子粉与化学杀菌剂在适宜的载体上按一定的比例混合而成。

环境因素对木霉制剂的影响

利用木霉制剂防治病原菌时，必须要考虑土壤中的环境因素对木霉制剂的影响。环境因素包括温度、水势、pH、杀菌剂、金属离子和抑制性细菌，这些因素都会影响木霉制剂的防治效果。

尽管多种病原菌受体外测定木霉菌的抑制，但田间试验效果显示其性能具有不稳定性，而且对生态的依赖性也比较显明，其中包括大气环境（温度、湿度、雨量、大气压、光照、紫外线强度等），作物对象（作物种类、罹病部位、发育阶段、生长姿势、外分泌物组成、作物体表或体内其他微生物种类等），土壤条件（温度、湿度、理化性质、有机质含量、其他微生物种群结构等）。

土壤温度和水势情况会直接影响孢子的萌发、芽管伸长、菌丝生长、腐生能力及非挥发性代谢物质的分泌，从而影响其防治效果。在综合防治体系下，木霉制剂要与化学药剂混合使用，有些杀菌剂对木霉的抑制

较弱，可以在综合防治体系中应用。

木霉制剂的主要开发方向

木霉菌是一种非常重要的生物防治菌，各国科学家、企业家和政府都非常重视木霉制剂的研究和开发，并把它广泛用于种子处理、土壤处理、叶面喷施等方面。现如今，木霉制剂的开发研究方向为以下几个方面。

1. 利用现代遗传工程技术，如基因重组技术、原生质融合技术等制造出耐环境胁迫，拮抗能力和诱导抗性强的生防工程菌株。

2. 寻找木霉厚垣孢子产生机制及基因表达系统，以期构建新型产厚垣孢子的工程菌株，研发出耐性强、易贮存的木霉生防制剂。

3. 单一菌剂的使用变为多菌混合使用，利用不同微生物的抗病机制，使有效期延长并提高防治病害的广谱性。

4. 解决活菌制剂的保藏和生防菌种的复壮。

5. 木霉制剂生产方面应该选择合适的载体和剂型，对不同病原菌引起的不同植物病害进行防治，以期得到很好的防治效果。

6. 对木霉菌株的适宜发酵培养条件进行筛选，希望得到高产量、低成本、无污染的规模化发酵生产工艺。

病毒类杀虫剂在农业中的应用

联合国粮农组织（FAO）和世界卫生组织（WHO）于1973年推荐昆虫杆状病毒用于农作物害虫的生物防治，并将昆虫病毒杀虫剂作为21世纪重点开发和推广应用的生物防治技术。病毒类杀虫剂在农业生产过程中的应用就此拉开了序幕。

现如今，已发现了1200多种昆虫病毒，其中有核型多角体病毒和颗粒体病毒应用最为广泛，而杆状病毒科只是以脊椎动物为宿主，具有防治害虫的功效。病毒杀虫剂具有宿主特异性强，流行于害虫体内，持续时间较长的特点；但病毒制剂在生产过程中所需昆虫量大，且需要较高的成本。除此之外，施用效果深受外界环境影响，具有不稳定、宿主范围狭窄，使用次数比较多等缺点。具体来讲，用于害虫防治的病毒有如下几种：

1.核型多角体病毒。核型多角体病毒为结晶状，直径大约在0.5~1.5微米，通过光学显微镜能清晰有效地辨认，它分为十二面体、四面体、立方体或者不规则图形。根据昆虫种类的不同，核型多角体的形状也各异，即便是同一种昆虫，因为存在个体差异，多角体形状也会存在差异。核型多角体病毒感染的途径主要是通过鳞翅目昆虫。核型多角体病毒对农业生产危害较大的害虫，如黏虫、棉铃虫、菜粉蝶都有一定作用。此外，膜翅目、双翅目、鞘翅目、直翅目的昆虫中也有很多种类会感染这种病毒，尤其是幼虫。昆虫在感染核型多角体病毒后表现为体色变黄、发白，行动异常，逐渐失去食欲；最后体内组织液化，体壁破损后流出脓样的体液。还有一些野外昆虫在感染病毒之后，会慢慢转移到植物的上部，倒悬其上而死。

2. 质型多角体病毒。一般来讲，质型多角体病毒为二十面体，主要分为内外两个部分，外层的主要物质为蛋白质颗粒，形成包囊，包囊包裹着病毒核心。质型多角体病毒的形状和大小因昆虫种类的不同而不同。一般认为，质型多角体的大小和病毒感染一直到出现感染症状的时间间隔有关，质型多角体随着时间的延长而逐渐变大。质型多角体病毒主要对鳞翅目昆虫有作用，目前科学家发现可感染的昆虫达 140 多种。

3. 颗粒体病毒。颗粒体病毒也从属于杆状病毒科，昆虫在感染病毒早期，细胞核膜逐渐崩解，病毒成分的合成、装配及埋入颗粒体中都在细胞核周围的细胞中进行。

4. 其他昆虫病毒。常见的可感染昆虫的病毒有昆虫痘病毒、虹彩病毒、浓核症病毒及急性麻痹病病毒等。虹彩病毒的寄主范围非常广泛，包括双翅类、鞘翅目、膜翅目、直翅目和半翅目昆虫。浓核症病毒除了大蜡螟之外，还能寄宿在鳞翅目、双翅目、膜翅目和鞘翅目昆虫体内。除此之外，细小的 RNA 病毒科中的蜜蜂急性麻痹病病毒、果蝇 C 病毒、蟋蟀麻痹病毒也能感染一些昆虫。

病毒杀虫剂最大的特点就是病毒来源于昆虫，不会对人类和环境造成伤害，主要方式为以虫养毒，以毒杀虫。其次，昆虫也不会对这种杀虫剂产生抗药性。最后，病毒通过死虫的体液、粪便继续传染给其他健康的害虫，形成"虫瘟"，从而长时间控制农作物病虫害，并能有效控制害虫的种群数量，达到标本兼治的目的。

总而言之，昆虫病毒一旦侵入害虫的生存环境中，就会通过各种途径和方法进行传播，调节并控制害虫的总体数量，因此，昆虫病毒杀虫剂并不是要把害虫全部消灭干净，而是要把它控制在一个经济危害水平之下。

农业抗生素在农业中的使用

现如今，一提到抗生素大家似乎都习以为常，确实，从畜禽水产到人类的用药，从食用的肉蛋奶再到人们生病感冒，我们似乎随时都会接触到抗生素。抗生素通过良好的疗效为人们进行服务，同时也因为人们滥用而威胁着人们的身体监控功能。不过，在众多抗生素中，有一种抗生素却默默为人们作出贡献，它就是农用抗生素。

农用抗生素，是一种次级代谢产物，是微生物在发酵过程中产生的。这种抗生素能有效抑制或者消灭作物的病、虫、草害，甚至还能调节植物的生长。农用抗生素主要包括两大类，具体如下：

杀虫农用抗生素

杀虫农用抗生素主要包括阿维菌素、多奈菌素、橘霉素、多杀霉素几种，每种抗生素的功效也有差异。

阿维菌素，也被称为"阿弗菌素""揭阳霉素""灭虫丁"等，

它是一种杀虫杀螨的大环内酯类抗生素。这种抗生素是日本和美国最先引进的一种农用抗生素，阿维菌素主要是通过昆虫表皮及胃肠道而起作用的，即便剂量很低也能杀死害虫，虽然这种菌素的急性口服毒性较高，但是因为其用量比较小，所以对人畜都很安全，阿维菌素不仅可以用于家畜类，还能用于作物类。目前，阿维菌素主要用于防治苜蓿蓟马、小长管蚜类、天蛾等，用途非常广泛，市面上通常使用的是 1% 乳油的阿维菌素制剂，此外，阿维菌素已成为代替高毒、高残留化学农药的生物农药之一。

多奈菌素，也被称为"浏阳霉素"，主要来自土壤中分离而来的一种链霉菌，它是一种具有杀螨活性的大环内酯类抗生素。多奈菌素是一种高效、低毒，无害于环境与天敌的杀螨农用抗生素，经常被应用于棉花、茄子、番茄、豆类、玉米、瓜类等植物。通常情况下，多奈菌素经常与有机磷类、氨基甲酸酯类农药混配使用。

橘霉素被称为"粉蝶霉素"，也属于大环内酯类杀虫抗生素。此类抗生素可以用于防治螨类，对棉叶螨和橘全爪螨有很好的防治效果，不过，这种抗生素对螨类的杀卵活性较差，可以和矿物油混合使用，提高抗生素杀卵效果。

多杀霉素是由废弃酿酒厂的多刺糖多孢菌产生的抗生素。多杀霉菌经常被用于果树、蔬菜、草坪等各种不同作物的害虫防治，对线虫、蓟马、潜叶虫有很好的防治作用。多杀霉素被认为是继阿维菌素之后最为有效的杀虫抗生素。多杀霉素对畜禽、人类和环境都没有危害，不过对家蚕有一定影响。

杀菌农用抗生素

杀菌农用抗生素主要包括井岗霉素、春雷霉素等几种抗生素，各种抗生素的功效内容具体如下：

井岗霉素的产生菌主要是吸水链霉菌井岗变种而来，它通过抑制立枯丝核菌的海藻糖酶进而达到抑菌效果。需要注意的是，井岗霉素可以使菌丝体顶端产生异常分枝而停止生长,却没有杀菌的作用。井岗霉素能有效防治水稻纹枯病,它取代了有机砷农药,是目前产量和使用面积最大的农用抗生素。除了能防治水稻纹枯病之外,井岗霉素还能有效防治土豆、蔬菜、草莓、烟草、生姜、棉花等作物因为感染立枯丝核菌所引起的病虫害。

春雷霉素也被称为"春日霉素",对稻瘟病有很好的防治作用,对番茄叶霉病、苹果霉心病、甜菜褐斑病有很好的防治效果。春雷霉素主要用于水稻,也可用于甜菜、马铃薯、高粱、菜豆、番茄、黄瓜等作物,但对大豆、茄子、葡萄等作物会有一定的药害。春雷霉素对于人畜、鱼类非常安全。

除此之外,这类抗生素还包括了杀稻瘟菌素S、放线菌酮、多氧霉素、农抗109、农抗120、武夷菌素、胶霉素等多种杀菌农用抗生素,对防治植物的病害有非常好的效果。

微生物激素在应用中的巨大作用

很多微生物都会分泌激素类物质,其中有很大一部分具有刺激植物生长的作用,人们称之为"微生物生长调节剂"。随着农业科技的发展,微生物激素技术也得到长足的进步,并在实际应用中发挥了巨大的作用。

相信对于很多人来说,"微生物激素"这一名词并不新鲜。随着科技的不断进步,科学家采用高新技术制造出很多微生物激素,具体如下:

赤霉素,也被称为"九二零""奇宝"等,是一种能调节植物生长的活动农用抗生素,是从受到赤霉菌感染的水稻秧苗中发现的。赤霉素有很多种类,主要来源于绿色植物、真菌和细菌。赤霉素有调节植物生长和发育的功效,即便低浓度也能显示出一定效果,对植物顶端部分有功效,但需要注意的是,赤霉素不能影响植物细胞的分裂。

脱落酸是一种有益于植物的天然激素，它是从脱落的棉花幼铃及槭树叶片中提取出来的。脱落酸能有效调控植物的生长发育，并能诱导植物对不良生长环境产生抗性，但缺点就是价格昂贵。现如今，脱落酸被广泛应用于农业生产当中，对植物有以下生理功能：

促进果实、种子中蛋白质和糖的积累，在果实和种子发育早期外施，能有效提高产量，除此之外，还能有效诱导和打破种子休眠和芽休眠。脱落酸还能有效控制花芽分化，对花期进行调节，促进生根，控制株型。

比洛尼素是一种链霉菌所产生的代谢物，具有调节植物生长活性的作用。比洛尼素不会抑制赤霉素的合成，但具有抑制植物植株增高的作用，加入赤霉素之后，植物就能恢复生长。比洛尼素在用于处理水稻和小麦时，能抑制18%~23%的生长程度。比洛尼素对人类和畜禽有一定毒性，对水生生物有较高的毒性。

唑霉素被称为"环丝氨酸"，主要由多种链霉菌产生，应用在农业上可以调节植物生长，提高甘蔗的含糖量，同时也能有效抑制革兰阳性、革兰阴性细菌，被用来作为抗菌剂，这种抗生素对人类和畜禽都没有危害。

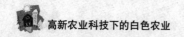 高新农业科技下的白色农业

微生物除草剂取代传统除草方式

在农业生产过程中,其中的一个重要环节就是清除农田杂草。传统的人工锄草和机械锄草存在一定缺点,不仅消耗时间和人工,还会消耗大量的能源,因此,不符合社会发展的需要,被取而代之是迟早的事。随着农业科技的不断发展,一种全新的除草方式逐渐诞生,它就是微生物除草剂。

人工除草和机械除草被化学除草取代之后,随着时间的推移,一系列问题也随着化学药剂的大量使用而产生,如出现具有除草剂抗性的杂草植株、土壤严重污染、水质严重退化、严重危害人和牲畜的健康安全。随着人们环保意识的不断增强以及农业可持续发展的必然性,化学农药的发展面临巨大压力。在农业科技日新月异的发展之下,一种全新的除草剂随之产生,它就是微生物除草剂。那么,微生物除草剂究竟是如何产生的,它有怎样的特点呢?

微生物除草剂的发展历程

通过生物学方法对杂草进行有效控制,这项研究已经有200多年的历史,一直到20世纪中叶,真正的微生物除草剂的研究才正式开始,并得到迅速发展。在研究过程中,人们从杂草中获取了一种植物毒素,经过进一步研究发现,这种毒素具有除草活性,随后,科学家开始对这种植物毒素进行深入研究。随着研究的不断深入,科学家惊喜地发现,这种提取出来的植物毒素能够用于微生物除草剂。

在农业科技的推动之下,多种微生物除草剂不断面世,并深受广大农民的欢迎。在现实应用中,常见的有两种类型,分别为真菌微生物除草剂和细菌微生物除草剂。

真菌微生物除草剂

根据相关统计显示,我国所拥有的生物资源占据了世界生物资源总量的10%,其中,微生物的种类就有3万种左右,生物多样性的丰富

第三章 微生物农药的研发和使用

程度名列世界第八。20世纪60年代，我国研究出了一种微生物除草剂，不过这种除草剂只对大豆菟丝子有效果，而且所研制出来的微生物除草剂都是由真菌孢子而来。

真菌微生物除草剂的类型有疫霉属、镰刀菌属、叶黑粉菌属、核盘菌属等。科学家认为，真菌孢子具有较强稳定性、寿命长、活性高、侵染力强等优势，是最适宜作为生物除草剂的微生物。不过，因为真菌孢子的生存条件有很严格的限制，所以，无法作为产品进行大规模生产，因而也没能得到人们的广泛接受，也就无法带来显著的经济效益。

细菌微生物除草剂

在20世纪90年代，研究生物除草剂的科学家把目光转向了细菌。当时，科学家已经对真菌除草剂的结构、功能进行了大量研究，但对细菌除草剂的研究比较少，很多报道都是关于细菌发酵出毒素防治和杀死杂草的内容。随着科技不断发展，科学家把一些具有除草活性的菌株从杂草中分离出来，并培养出外源性毒素。在加拿大的西部地区，科学家从草原上分离出了1000株左右的根际细菌，这些菌株只对一年生的禾本科杂草有功效。这一发现表明了这些菌株有成为生物防治剂的可能性。细菌型生物除草剂有很多种类，分别为假单孢菌属、黄杆菌属、黄单胞细菌等，病原细菌主要是从杂草中分离而出，具有种间特异性的特点，不会危害环境。和真菌类除草剂相比，细菌除草剂有很多优点，这些优点包括增长期比较短，发酵技术比较简单，容易控制生产过程，能够有效分泌出次生代谢物，残留下来的物质容易被降解等。除此之外，细菌微生物除草剂还有一个区别于真菌微生物除草剂的特点，那就是它能够产生次级代谢产物，这一点与真菌孢子是有所区别的，因为真菌孢子需要在严格的条件之下才能成为除草剂，而且其残留物很容易退化失效。总而言之，细菌除草剂具有良好的应用和研究前景，并有可能成为微生物除草剂领域的研发重点。

第四章
传统发酵食品制作技术

白色农业的核心就是利用微生物发酵生产出相关产品,以缓解粮食生产的紧张局面。传统发酵技术是白色农业的重要组成部分,它不仅有着悠久的历史,而且发酵食品还有很好的保健效果,势必会成为白色农业未来发展的主要方向之一。那么,传统发酵食品在制作过程中采用了哪些高新技术呢?

牛奶和有益菌的发酵:酸奶

酸奶不仅保留了牛奶的所有优点,而且从某些方面来讲,加工过程中还进行了扬长避短,最终的成品更加适合人类的营养需求。

酸奶是以牛奶为主要原料,经过巴氏杀菌后,向牛奶中添加有益菌(发酵剂),经过发酵之后,再冷却灌装的一种牛奶制品。目前,市场上的酸奶制品按照生产工艺分类,以凝固型、搅拌型为主。

酸奶中最常使用的乳酸菌

凡是能发酵糖类产生乳酸的细菌都称为乳酸菌,包括乳杆菌、链球菌等。一般来讲，乳酸菌为杆状或链球状、无芽孢，适宜生长的温度范围在 40℃～45℃，最低生长温度为 20℃，最高的生长温度为 50℃。

从广义上讲，乳酸菌可以分为嗜温菌和嗜热菌。嗜温菌包括乳球菌和明串球菌；嗜热菌中最重要的是保加利亚乳杆菌、嗜热链球菌、瑞士乳杆菌和乳酸杆菌。传统生产的酸奶大多数使用保加利亚乳杆菌和嗜热链球菌。保加利亚乳杆菌没有鞭毛、细杆状、两端钝圆，单个或链状排列，一般生长温度范围为 40℃～43℃，最低生长温度为 22℃，最高生长温度为 52.5℃，最适合生长的温度为 37℃；嗜热链球菌细胞呈卵圆形，成对或呈链状，没有鞭毛。

酸奶是一种特殊的乳制品

乳酸菌利用牛奶中的乳糖生成乳酸，使牛奶的酸度升高，当酸度达到蛋白质的等电点（pH=4.6）时，酪蛋白就会发生沉淀反应使牛奶呈现凝固状。另外，乳酸菌还会把某些蛋白质分解成小肽或氨基酸，在酸奶发酵后期可以形成各种各样的风味物质，使酸奶具有独特的风味和香气。同时，发酵环境呈酸性能有效抑制其他微生物的生长。

影响酸奶的因素有几个方面，如牛奶质量、发酵剂质量、微生物种类以及发酵条件和时间等。随着科技不断发展，全新技术的应用使酸奶家族面貌焕然一新。

酸奶制作工艺的概述

酸奶的制作工艺可概括为配料、预热、均质、杀菌、冷却、接种、灌装、发酵、冷却、搅拌、包装和后熟几道工序，变性淀粉在配料阶段添加，其应用效果的好坏与工艺的控制有着密切的关系。

配料：依据物料平衡表选取所需原料，如鲜奶、砂糖和稳定剂等。变性淀粉可以在配料的过程中单独添加，也可以与其他食品胶类干混后进行添加。不过，淀粉和食品胶类大多数为亲水性极强的高分子物质，混合添加时与适量的砂糖搅拌均匀，经过高速搅拌之后溶解于热奶（一般适宜温度为55℃~65℃，具体温度视变性淀粉的使用说明而定）。

预热：预热的目的是提高均质效率，预热温度以不高于淀粉的糊化温度为宜，以避免淀粉糊化后在均质过程中颗粒结构被破坏。

均质：指机械处理乳脂肪球，使它们分裂为较小的脂肪球并均匀一致地分散在乳中。均质阶段，物料经过了剪切、碰撞和空穴三种效应的力。

杀菌：一般情况采用巴氏杀菌法，乳品厂普遍使用95℃、300秒的杀菌工艺，变性淀粉在这个阶段会充分膨胀并糊化，最终形成黏度。

冷却、接种和发酵：变性淀粉是一种高分子物质，与原淀粉相比，仍然保留了一部分原淀粉的性质，也就是多糖的性质。在酸奶的pH环境下，菌种无法利用降解淀粉，所以能维持体系的稳定性。

冷却、搅拌和后熟：搅拌型酸奶之所以要冷却，是因为能快速抑制微生物的生长和酶的活性，主要是为了防止发酵过度产生酸性及搅拌时脱水。由于变性淀粉的原料来源比较广泛，变性程度也有所不同，不同的变性淀粉在酸奶中的应用效果也是不一样的。因此，可以根据对酸奶品质的不同需求使用相应的变性淀粉。

面粉发酵蒸成的食品：馒头

馒头，又称为"馍""蒸馍"，是一种用面粉发酵蒸成的食品，形状圆润而隆起，是中国特色传统面食之一。它以小麦面粉为主要原料，是中国的日常主食之一。

馒头的种类较多，因为各地饮食习惯不同而形成了不同的特色。按照区域划分，馒头大致上分为南方馒头和北方馒头，不过馒头总消费量中大部分来自北方馒头。

馒头的发酵原理

馒头发酵是利用酵母菌进行发酵，将酵母加入面粉和水的混合物中，在适当的温度（28℃左右）和酵母菌的作用下，面粉中少量的糖开始增多，与此同时，淀粉在淀粉酶的作用下转化成了麦芽糖，又在麦芽糖酶的作用下转化为葡萄糖。酵母菌通过这些糖及其他营养物质进行呼吸代谢，产生了二氧化碳、醇、醛和一些有机酸。面团在加热过程中，二氧化碳受热膨胀从面团中逸散出来，面团就会不断膨大呈多孔的海绵状。此外，在发酵过程中形成的醇、醛等产物会让馒头即便不加糖，闻起来也会有甜甜的酒香味，不但回味甘甜，而且还有嚼劲。

馒头保存面临的几个问题

馒头在加工完成之后，保存是最为重要的，其中有几个问题需要解决，如老化、霉变和复蒸性。其中，馒头的老化问题尤为突出，这个问题已经成为我国馒头产业化发展的瓶颈。

所谓馒头老化，是指馒头在保存过程中随着时间的延长，馒头的质地会由软变硬，组织变得松散，很容易掉渣，弹性也随之消失。因此，馒头的保鲜技术是保证馒头品质和延长货架期的重要因素，也是馒头能否实现商业化与工业化生产的关键技术。

馒头抗老化保鲜剂的研究

在发酵面粉的过程中，通过有选择性地加入酶制剂、乳化剂和亲水胶体，能有效延缓淀粉的回生进程，从而有效增强馒头的抗老化性能。

1. 添加可食用的乳化剂

目前，防止馒头老化变硬最有效的方法就是在加工馒头的过程中加入各种可食用的乳化剂，这些乳化剂能与膨润的淀粉粒子形成复合体，对可溶性淀粉的析出进行阻碍，减少淀粉粒子之间的重组，以此延缓馒头老化。

2. 酶制剂的抗老化作用

酶制剂是一类比较重要的馒头保鲜抗老化剂，通过降解或改性α-淀粉酶、麦芽糖淀粉酶改变直链淀粉及支链淀粉直线性侧链的聚合度，产生大量可有效干扰淀粉结晶的糊精及小分子糖类增加馒头柔软度，改善馒头的抗老化性能。

3. 亲水性胶体的保鲜作用

除了淀粉酶制剂和乳化剂之外，还有一些亲水性胶体具有一定的保鲜与防老化性能。某些胶体能提高成品的持水性和绵软性，能使成品

在保存过程中不发干、不掉渣、不粘牙。亲水性胶体之所以被应用于馒头防老化,是因为亲水性胶体有良好的成膜性,能防止米面在保存过程中散失水分;另外,多数胶体大部分为多羟基高分子多糖,其羟基能与面粉链上的羟基及周围的水分形成大量氢键,有保持水分、阻止淀粉回生的作用;再有就是,大多数胶体具有吸水与持水能力,从而极大提高了馒头的含水量,延缓馒头老化。

蔬菜发酵的制品:泡菜

泡菜是为了利于长时间存放而经过发酵的蔬菜。通常来讲,只要是纤维丰富的蔬菜或水果,都能被腌制成泡菜,如卷心菜、大白菜、胡萝卜、白萝卜、大蒜、洋葱等。蔬菜经过腌渍及调味之后,会有特殊的风味,很多人都会把它当成一种常见的配菜食用。

泡菜主要是由乳酸菌利用蔬菜中的糖类进行乳酸发酵而成,常用的乳酸菌包括嗜酸乳酸杆菌、植物乳杆菌、弯曲杆菌、乳酸链球菌等。传统泡菜的制作主要是利用了蔬菜表面附带的微生物进行自然发酵。发

酵时间越长，乳酸菌繁殖得越多。发酵过程中产生的酸味不仅使泡菜更加美味，还能有效抑制发酵坛内其他杂菌的生长。泡菜乳酸菌主要为厌氧菌，所以制作泡菜时应该注意泡菜坛口的密封性。

世界各地泡菜的影子

泡菜不仅中国有，世界各地都能看到泡菜的身影，因为各地的做法不同，所以泡菜的风味也很不一样。在我国人们耳熟能详的主要是涪陵榨菜，它和法国酸黄瓜、德国甜酸甘蓝并称为世界三大泡菜。制作好的泡菜含有丰富的乳酸菌，能促进消化。制作泡菜要遵循一定的规则，比如不能碰到生水和油，否则泡菜很容易腐败，如果食用了遭到污染的泡菜，很容易拉肚子或食物中毒。

科技创新与泡菜的制作

党的十八大报告特别强调：科技创新是提高社会生产力和综合国力的战略支撑，必须摆在国家发展全局的核心位置。如今，科技创新已经成为企业快速发展的动力，当科技创新碰到泡菜时，双方碰撞出了不一样的火花。

在四川省眉山市，创新科技使原本不起眼的泡菜变成了产值超过百亿元的大产业。2016 年，眉山市泡菜产业加工量达到 161 万吨，有效带动和惠及了 21 万户农户，增收总值达 7.4 亿元，与此同时还提供了 2.6 万个工作岗位，增加工资收入 8.6 万元。"东坡泡菜"连续两年荣登中国品牌价值评价榜，品牌价值达 105 亿元。最新数据显示，一直到 2017 年 8 月，眉山市泡菜生产区东坡区泡菜产业加工量高达 100 多吨，产值达 100 多亿元。"百亿"过后，如何再上一层楼？把"大产业"做成"强产业"？如何让"东坡泡菜"伸展科技的翅膀飞向全球的餐桌？又如何把"东坡泡菜"打造成国家级文化名片？这些都是眉山市政府不断思考的问题，随着政府真金白银的投入，各种配套措施逐步完善，换来了眉山市获得的 6 个"全国唯一"：唯一的泡菜食品产业城，唯一经商务部审核颁布的中国泡菜行业标准，唯一的国家级泡菜质量监督检验中心，唯一的泡菜专业博物馆，唯一的泡菜产业技术研究院，唯一的泡菜行业国家 AAAA 级旅游景区。

泡菜的制作方法和流程

准备工作：在制作泡菜之前，要清洗并晾干制作过程中所需的用具，将待泡蔬菜清洗干净后晾干表面水分，太大的要切成条状。

泡菜水配置：量取泡菜坛容量 10%~20% 的自来水，并放入适量的整花椒粒，按照 3%~10% 的比例加入食盐，把水煮沸。等水完全冷却后，按照 5%~10% 的比例向泡菜坛内加入高粱酒，然后放入青椒、生姜，最后封坛。2~3 天之后，青椒周围有气泡形成，说明泡菜正常发酵，当青椒完全变成黄色之后，再放置 2~3 天，然后加入适量大料、冰糖。

蔬菜装坛：把晾好的蔬菜放入泡菜坛内，蔬菜要完全浸入水里，密封泡菜坛口。

发酵管理：把泡菜坛放在阴凉的地方，并保持坛沿水在中高位。

品尝泡菜：放置一个月之后，打开坛盖，能闻到诱人的香味时，说明泡菜制作好了。泡菜可以直接下饭，也可以加入香油、香菜、味精

第四章 传统发酵食品制作技术

等凉拌下饭,还可以煸炒调料。

以葡萄为原料酿造的饮品:葡萄酒

葡萄酒是白色农业中农业微生物技术实际应用所产生的产品,与国际葡萄酒强国相比,中国的葡萄酒业起步晚,底子薄,面临很多亟待解决的问题。但改革开放以来,中国葡萄酒也实现了快速发展,现如今,我国葡萄酒业已经由初级阶段进入了一个稳定、巩固、提高的崭新发展阶段。

葡萄酒是以葡萄为原料酿造的一种果酒,其酒精度高于啤酒而低于白酒,营养丰富,有保健作用。有人认为,葡萄酒是最健康最卫生的饮料之一,它能调整人体的新陈代谢,促进血液循环,防止胆固醇增加,还有利尿、提高肝功能和防止衰老的功效。随着农业科技不断发展进步,葡萄酒酿造技术也在不断发展,并产生了全新的酿造工艺新技术。

葡萄酒酿造工艺新技术

冷榨过滤法。首先将葡萄进行冷冻,随后压榨挤出果汁,再进行

发酵，然后用非常细的网眼对葡萄酒进行过滤，并滤去酵母，使酒液更加澄清。

果汁酿造法。首先将葡萄制作成果汁，用离心分离机离心回转进行分离，这样能减少导致葡萄酸味的主要成分苹果酸，以及减少导致涩味的多酚，这样生产出来的葡萄酒才醇香爽口。

红外线加热法。此酿造方法类似于在电饭锅内安装铝材电加热器，将葡萄原料放入其中并接通电源，锅内随之产生所需温度，由于红外线从内部加温，使葡萄酒外流速度加快，最后经过过滤出酒。按照传统工业数个月才能酿造成的葡萄酒，用这种方法只需要10多个小时就能酿造成功。

无酒精葡萄酒制法。采用美国特定品种葡萄和白葡萄作为原料，经过完全发酵并过滤后，放入旋转蒸汽加热槽内，采用离心分子膜蒸发器来处理，经过发酵的葡萄酒在酒槽内进行旋转运动，酒精在热空气的蒸发之下制成了"雷金思"葡萄酒，色香味和白葡萄酒一样，酒精的最高含量只有0.49%。酒精有一定的防腐作用，而"雷金思"只含有极少

的酒精量，很容易变质。因此，只有用食品罐头制造法进行瓶装，也就是在 20 分钟内通过 60℃的设备，进行巴氏灭菌消毒。

粉末酒制法。采用优质原料酒作为原料，因为酒精的沸点低于水，所以要在原料酒中加入糊精淀粉分解物，以 75℃~80℃进行热处理，蒸发原料酒中的水分，随后就剩下了含有酒精的粉状物，其中的酒香和酒味都不会消失。

提升葡萄酒甜度的科技

为了提升葡萄酒的甜度，酿酒业已经采用了一种"不加糖"的逆渗透膜设备技术。逆渗透膜的微孔直径只有 0.1~0.3 微米，用以分离溶液成分中的水，使酒浓缩达到所需要的甜度，酿造出优质天然的葡萄酒。逆渗透膜主要分为两种类型，一种是管状的，一种是螺旋状的。管状逆渗透膜的发展前景广阔，这种技术不需要加热，因此不会产生煮熟味，也不会产生色素分解和褐色现象，没有经过蒸发就不会损失营养成分，可保持良好的酒质和香气。

提升葡萄酒质量的新科技

无论采用哪种酿造工艺，酿造出来的葡萄酒都会含有一定的酚类、无机盐类、氧化酶等有害物质及不稳定成分。因此，无论是酿造过程中还是在包装之前，都必须要提高并稳定葡萄酒的质量，要利用的新技术包括：

分离无机盐类。采用半透膜过滤装置，使酒液成分中的水和无机盐类从中透过，而胶态分子和高分子物质则被保留，这样就能大大缩短酿造时间，并减少工序，不但有效节省了能源，还提高了葡萄酒的质量。

吸附酚类物。降低酚类物质直到指标正常，在酿造红葡萄酒时添加 PVPP，半个小时左右效果较好，能有效增强颜色的稳定性和防止棕色酸败病，由此发酵的酒相当于贮酒 80 天。在白葡萄酒中加入 PVPP 半个小时左右，色香味就可相当于贮存 90 天的葡萄酒。

抑制氧化酶。在粉碎葡萄之前，适当加入膨润土、硅藻土等吸附剂，可以有效抑制原料汁液中氧化酶产生作用。

传统而古老的发酵食品：米酒

米酒是一种传统而古老的发酵食品，也是制作各种酒的雏形。从某种程度上来讲，我国的工业酒、小曲酒和淋饭酒是由米酒发展而来的。早在公元前1000年左右，中国人就发明了发酵酿酒的技术。农业微生物技术在米酒制作方面的应用，为白色农业添加了浓墨重彩的一笔。

米酒制作是以优质的糯米为原料，经过浸米、蒸饭、淋饭、拌曲、入缸、发酵等工序而得到的醇甜清爽、酸甜适口、风味和营养俱佳的糯米酒酿。米酒含酒精量极低，因此深受人们的喜爱，我国用优质糙糯米进行酿酒已经有上千年的历史，而且米酒已经成为农家日常饮用的饮料，现代米酒多采用工厂化生产。

米酒的制作过程和影响因素

米酒酒曲是糖化菌和酵母菌制剂，主要含有根霉、毛霉、米曲霉以及少量酵母。蒸煮糊化之后的糯米饭拌入酒曲之后，根霉、毛霉和米

曲霉将原料糊化之后的淀粉糖化，将蛋白质水解成氨基酸，然后酵母菌利用糖化产物继续生长繁殖，并通过糖酵解途径将糖转化为酒精，从而赋予米酒特有的香气、风味和丰富的营养。

随着发酵时间延长，米酒的糖度下降，酒度提高，可以依据个人的喜好和产品用途在不同时期结束发酵，糯米和酒曲质量、蒸发和发酵温度是影响米酒质量的主要因素。

流行市场的孝感米酒

米酒在我国已经有1300多年的历史，孝感米酒比较出名，根据《孝感县志》的记载：米酒"成于孝，始于宋。后多效之，而孝感独著"。

1."神霖米酒"：起草行业标准

孝感的"神霖米酒"对米的形态、色泽、含水量、糖度、口感都有严格要求，对大米的浸泡、蒸煮、发酵和米酒杀菌、封口、装箱都有一套标准。为了传承米酒文化，2012年，生产该米酒的孝感麻糖米酒公司成立了孝感第一家行业性博物馆——孝感麻糖米酒博物馆，馆内收藏了米酒制作场景人物雕塑、手工作坊用具等，为前来观看的人展现了关于米酒的传承。

2."爽露爽"：进入美国超市

几年前，一条"孝感米酒"闯进美国超市的消息引发了众网友的热议，这个"闯"进美国超市的米酒品牌，就是"爽露爽"米酒。"爽露爽"之所以成功，是因为持续推进科技创新，其累计投入技术创新经费3000多万元，与武汉轻工大学合作，进行果蔬米酒加工关键技术研究。

3."米婆婆"：让机器人当酿酒师

2018年4月中旬，湖北米婆婆生物科技股份有限公司（以下简称米婆婆）在土耳其注册的"米婆婆牌米酒"正式获批，该公司成功敲开了第22个国家的销售大门。"米婆婆"作为后起之秀，之所以能在激烈的竞争中站稳脚跟，主要是靠创新。"米婆婆"将机械手臂、码垛机器人等引入生产线，成为孝感市最早一家开启智能化改造的米酒生产企业。

2015年,"米婆婆"经过一番考察之后,将智能化、数字化流程生产作为企业目标,将制作米酒的工艺分解成林林总总的指标,请专家进行编程,设计了全套智能化系统,手工操作完全被机器代替。此番改革的效果是显而易见的,智能化改造不仅使生产环节变得省时、省力,还能精准控制米酒发酵时间和温度,让米酒的品质更为稳定。

微生物发酵大豆制品:腐乳

微生物食品是白色农业众多产业中的一个,微生物食品经过发酵,可以提高原产品的经济价值,改善质地、风味、营养价值,腐乳就是其中之一。

腐乳是中华民族独特的传统发酵食品,具有悠久的历史。腐乳是微生物发酵大豆制品,腐乳品质细腻、营养丰富、鲜香可口,受到很多人的喜欢。腐乳的营养价值可以与奶酪相提并论,被称为"东方奶酪"。腐乳通常分为青方、红方、白方三大类。其中,臭豆腐属于"青方",

"大块""红辣""玫瑰"等属于"红方","甜辣""桂花""五香"等属于"白方"。

腐乳的发酵原理

腐乳是用豆腐发酵制成,多种微生物都参与了发酵这一过程,而毛霉在其中起到了主要作用。毛霉是一种丝状好氧真菌,具有发达的白色菌丝,经过无性繁殖后产生大量孢囊孢子。

在豆腐的发酵过程中,毛霉等微生物会产生各种酶,其中以蛋白酶为主,这些酶将豆腐中的蛋白质分解成小分子的肽和氨基酸,脂肪酶将脂肪水解成甘油和脂肪酸,它与醇类相互作用生成酯,形成了细腻、鲜香的豆腐乳。

传统腐乳发酵的毛霉来自空气中的毛霉孢子,现代腐乳生产主要是在无菌条件下,将优良毛霉菌种直接接种在豆腐上,这样能避免其他杂菌的污染,保证产品的质量。

腐乳的生产工序

腐乳的主要生产工序包括豆腐前期发酵和后期发酵,前期发酵时毛霉在豆腐上生长发酵的温度为15℃~18℃,这一温度范围并不适用于细菌、酵母菌和曲霉的生长,但适合毛霉缓慢生长。

毛霉生长大约5天后,白坯就能变成毛坯。前期发酵之后,豆腐表面包裹着一层菌膜,形成了腐乳的"体"。后期发酵主要是酶与微生物协同参与生化反应的过程,通过配入各种辅料后腌制,如红曲、面曲、酒酿,蛋白酶缓慢发生作用,并促进了其他生化反应,腐乳的香气就此产生。

腐乳的发酵类型

1. 腌制腐乳

豆腐坯煮沸之后,加盐进行腌制,并装入坛中放入辅料,慢慢发酵成腐乳。此加工法的特点为:把没有发酵的豆腐坯直接装入坛中进行发酵,依靠辅料中带入的微生物而使其慢慢成熟。缺点为蛋白酶不足,

后期发酵时间较长。

唐场古镇素来以生产被誉为"四川一绝"的唐场豆腐乳而闻名川内外,唐场豆腐乳采用大邑县唐场得天独厚的天然"高巷古井"的泉水,采用家传秘方,结合现代工艺酿造技术精制而成,是纯天然环保食品,富含蛋白质、多种氨基酸、维生素,营养丰富,具有陈香细嫩、入口化渣等特点。

绍兴腐乳有着悠久的历史,是绍兴的特色产业,除了畅销国内市场,还销往东南亚以及日本、美国和德国等国家和地区。这一传统食品产业打破了利润微薄的窘境,主要是因为采用了新工艺、新配方。公司科技人员认真分析每一个和产品相关的数据,稳定产品质量,同时聘请专家帮助开发新产品,派遣技术人员前往全国各地学习。经过几年的研发,最终研制成了独具口味的腐乳。

2. 毛霉腐乳

以豆腐坯培养毛霉,前期发酵,待到白色菌丝长满豆腐坯表面,形成了坚韧皮膜,积累蛋白酶,这些为腌制装坛后期发酵创造了有利条件。

3. 根霉型腐乳

采用耐高温的根霉菌，经过纯菌培养，人工接种，在夏季高温季节也能生产腐乳。不过根霉菌丝稀疏，呈浅灰色，蛋白酶和肽酶活性比较低，因此生产的腐乳，其形状、色泽、风味都不如毛霉腐乳。

水果或果品加工制品：果醋

生物技术在食品加工中的应用非常广泛，如果酒、果醋就是生活中比较常见的例子。说起果醋，相信很多人并不陌生。那么，农业科技在果醋制作方面有哪些应用呢？

果醋是以水果或果品加工下脚料，如山楂、桑葚、葡萄、柿子、杏、柑橘、猕猴桃、苹果、西瓜等为主要原料，并利用现代生物技术酿制而成的一种富含营养、风味优良的酸味调味品。果醋不仅有水果和食醋的营养保健功能，也是一种新型的健康饮品。相关研究表明，果醋有降低胆固醇、提高免疫力、促进血液循环、降压、抗菌消炎、防治感冒、开发智力、美容护肤、延缓衰老、减肥等功效。

果醋的主要类型

随着果醋的流行，果醋的类型也越来越多，品种也越来越丰富。可以按原料水果、原料类型的不同进行分类，具体种类如下：

按原料水果不同分类：可分为普通水果果醋、野生特色水果果醋、国外引进品种水果果醋。普通水果果醋有苹果、葡萄、桃子、荔枝、菠萝、青梅、枇杷等果醋，目前市场上以苹果醋居多；野生特色水果果醋有番木瓜醋、欧李醋、刺梨醋、野生酸枣醋等。

按原料类型分类：分为单一型果醋和复合型果醋。单一型果醋选用一种水果酿造，市场上此类果醋比较多，包括台湾的百吉利、河南的嘉百利、山西的紫晨醋酸、广东的天地一号等果醋饮品；复合型果醋就是根据水果特点，两种水果复合，或将水果与常见补药等一起酿造而成的醋饮料。

果醋的发酵原理

酵母菌和醋酸菌是帮助果醋发酵的微生物，25℃~30℃是最适合酵母菌生长和发酵的温度。由于菌种不同，其最适生长温度也稍微有些差异。酿醋所用的酵母和生产酒类使用的酵母是一样的，现在果醋发酵所用的是果酒酵母、葡萄酒酵母和啤酒酵母。产酯酵母有较强的产酯能力，与果酒酵母混合发酵增加了醋的香气。醋酸菌呈长杆状或短杆状，无芽孢，好氧，喜欢生长在含糖和酵母膏的培养基上，最为适宜的温度为28℃~32℃。目前，国内外常用的醋酸菌种有奥尔兰醋杆菌、许氏醋杆菌、恶臭醋杆菌，其中，恶臭醋杆菌是我国酿醋的常用菌种。

果醋的生产工艺和程序

随着农业科技不断发展，果醋和农业科技的结合，促进了果醋生产工艺的发展，并形成了固定的果醋生产程序。

全固态发酵法工艺：选择果品原料—切除腐烂部分—清洗—破碎—加少量稻壳、酵母菌—固态酒精发酵—加麸皮、稻壳、醋酸菌—固态醋酸发酵—淋醋—灭菌—陈酿—成品。

全液态发酵法工艺：选择果品原料—切除腐烂部分—清洗—破碎、榨汁（去除果渣）—粗果汁—接种酵母—液态酒精发酵—加醋酸菌—液态醋酸发酵—过滤—灭菌—陈酿—成品。

前液后固发酵法工艺：选择果品原料—切除腐烂部分—清洗—破碎、榨汁（去除果渣）—粗果汁—接种酵母—液态酒精发酵—加麸皮、稻壳、醋酸菌—固态醋酸发酵—淋醋—成品。

不同果醋的制作方法

苹果醋：糯米醋300克，苹果300克，蜂蜜60克。将洗干净的苹果削皮，切成小块放入广口瓶内，将醋和蜂蜜加入其中摇晃均匀。密封之后放置在阴凉处，一周之后即可开封，取汁加入3倍的开水，摇匀即可饮用。

葡萄醋：米醋适量，大串葡萄，适量蜂蜜。葡萄洗干净去皮、去籽之后放入榨汁机中进行榨汁，倒入广口瓶中，再加入适量米醋，放置一周进行发酵。

酸梅醋：谷物醋1千克、梅子1千克、冰糖1千克。将充分洗干净的梅子，用干布一颗颗擦干水渍，按照先梅子后冰糖的顺序放入广口瓶中，并缓缓注入谷物醋。密封之后放在阴凉处一个月便可以饮用，梅子也可以做成腌梅食用。

香蕉醋：香蕉100克，去掉皮之后切成薄片，红糖100克，苹果醋200克，3种东西放在一个碗里然后放入微波炉以400瓦功率微波30秒钟，微波之后取出来，然后把里面的红糖搅匀使之溶化，倒入一个不透光的玻璃瓶内，放置在无阳光直射的地方14天。

以豆类为原料的发酵制品：黄豆酱

老百姓的日常生活离不开柴米油盐酱醋茶，它们中的每一件都是日常生活中的必需品。在这7件事物中，酱是一个独特的存在。随着制酱工艺不断进步，制酱之法也不断升级。

豆酱是以各种豆类为原料发酵制成的食品，因为材料不同，可分为黄豆酱、麦酱、面酱、豆面酱、豆瓣酱等。黄豆酱是用黄豆蒸熟磨碎之后发酵而成的豆制品，也称为大豆酱、豆酱，是我国传统的调味食品，在全国各地几乎都有生产。

黄豆酱的发酵原理

黄豆酱是由曲霉、酵母菌、乳酸菌、醋酸菌、绿色木霉等多种微生物发酵而成。在发酵过程中，曲霉这种微生物起了重要的作用，曲霉包括米曲霉、黑曲霉、酱油曲霉、甘薯曲霉等。酵母菌主要包括鲁氏酵母、球拟酵母、大豆结合酵母、酱醪结合酵母等。乳酸菌分嗜盐乳酸菌和非嗜盐乳酸菌两种，嗜盐乳酸菌主要是嗜盐四联球菌，非嗜盐乳酸菌主要是肠球菌属、乳杆菌属。总而言之，酵母菌和乳酸菌都是促成黄豆酱风味的重要微生物。

黄豆酱的制作过程

黄豆酱酿制可以分为制曲、发酵初期和发酵成熟三个阶段，或者

第四章 传统发酵食品制作技术

简单地分为制曲和制酱两个阶段。不同阶段，参与发酵的微生物种类和数量都不一样，一般在制曲阶段，霉菌占据绝对优势，霉菌所产生的各种酶对酱的后期发酵有重要作用。在制酱阶段，因为添加了食盐，再加上缺乏氧气，霉菌基本停止生长，此时耐盐的乳酸菌和酵母菌开始大量生长繁殖。进入后发酵的成熟阶段，微生物的生长繁殖基本停止，但还有微小的代谢活性，这是酱类特殊风味形成的关键阶段。

豆酱的传统制作方法和弊端

豆酱的发酵方法有很多，传统的方法有天然晒露法、速酿法、固态低盐发酵法及无盐发酵法等。

在豆酱的发酵过程中，盐水的浓度要控制在14%~15%，这一浓度的盐能有效抑制杂菌生长，防止豆酱腐败变质，并且是豆酱咸味的来源。另外，盐水中的钠离子能与豆酱中的氨基酸发生反应并生成具有鲜味的氨基酸钠。如果食盐浓度比较低，则会影响酱的香味、鲜味，而且酱品容易发酸、生霉；如果食盐浓度过高，味道就会偏咸，也影响其他的口感。

传统制酱采取自然发酵法，微生物主要来自水、使用的器具、操作者的衣物及空气等。很多微生物、酶系参与到自然发酵中，以此达到微生物酶系互补和微生物代谢产物互补的作用。在自然发酵中，很多微生物都有害于人体健康，如小球菌、粪链球菌、枯草芽孢杆菌、蜡样芽孢杆菌、毕氏酵母、醭酵母、毛霉、根霉、青霉、黄曲霉等，这些微生物可能会降低豆酱的风味，有的还会产生有害物质导致食物中毒。因此，自然发酵法存在一定隐患。随着科技的不断发展，现代制酱可以采用纯种微生物，这样就能保证酱的品质和安全。

豆酱生产的新工艺

随着科学技术不断发展进步，通过改进生产工艺条件发展了全新的豆酱生产工艺，如微火稀发酵、温酿稀发酵、温酿固稀发酵、温酿固体发酵等。与此同时，很多酱类新产品也不断诞生，如辣椒酱、麻辣酱、

豆豉酱、海鲜酱和牛肉酱等。

在现代发酵过程中增加特定的活性微生物能有效提高酶的活性，加入代谢能力较强的有益菌能改变产品的组成。应用酶制剂的发酵技术能改善产品的口味和营养。在豆酱的发酵过程中，适当增加乳酸菌和酵母菌还能产生特定的风味物质成分和代谢产物。采用保温发酵技术，能有效确保酶作用的最佳温度和时间，缩短发酵周期。采用这些现代科技手段能促使产品达到理想化的要求，不断稳定产品质量，而且要改进产品的保存方法，降低成品中盐、油脂和防腐剂的含量。

第五章
农业科技推动食用菌发展

21世纪,中国大农业的主要发展方向是"三色农业",其中就包括白色农业,而食用菌就是白色农业的重要内容。食用菌本身虽小却有着广阔的发展前景,它们不仅能有效解决蛋白质紧缺的问题,还能用于医药方面。所以,了解高科技在食用菌发展方面的应用就显得尤为重要。

食用菌的基本介绍

食用菌属于微生物食品,是白色农业在农业生产中的应用。在我国微生物食品中,食用菌分布最广、食用最普遍、历史最为悠久,香菇、木耳、灵芝等都属于此类食品。随着农业科技不断发展,食用菌这种微生物食品也成了人们餐桌上不可或缺的食物。

食用菌是人类可以食用的大型真菌,具体来讲,主要是指能形成大型肉质或胶质籽实体,或菌核类组织能供人们食用或药用的一类大型真菌。全世界的食用菌资源都非常丰富,大约有2000多种,但就目前来讲,能够大面积人工栽培的仅有70多种,并且只有20多种在世界范围内被广泛栽培。我国地理位置和自然条件十分优越，蕴藏着非常丰富的食用菌资源。目前，我国已发现 700 多种食用菌，人工栽培的有 50 多种。

富含营养的白色优质食品

食用菌中富含蛋白质和氨基酸，有较高的营养价值。新鲜食用菌的蛋白质含量通常为 1.5%~6%，干菇通常为 15%~35%，高于一般的蔬菜，而且所含有的氨基酸比较全面，富含人体所需的 8 种氨基酸。另外，食用菌含有高分子多糖、β-葡萄糖、RNA 复合体等多种生物活性物质，能有效维护人体健康。很多食用菌品种还以其突出的抗癌、降脂、增智及提高机体免疫力的功效而成为重要的保健食品。

国际食品界已将食用菌列为 21 世纪的八大营养保健食品之一，中国食用菌的生产量和出口量居世界首位。螺旋藻以其极高的营养价值和独特的医疗保健功能，逐渐受到世界许多国家和国际组织的重视。1993 年在摩洛哥召开的首次世界螺旋藻大会上，食用菌被公认为"人类最佳保健食品"。

食用菌的人工栽培技术

由于野生食用菌的资源十分有限，并且深受季节和产地的影响，

第五章 农业科技推动食用菌发展

无法满足广大消费者的需求。因此,发展食用菌规模化人工栽培就显得非常有必要了。食用菌人工栽培原料广、投资小、周期短、效益高、市场广阔、不占人力和过多场地,是一种集经济效益、生态效益和社会效益于一体的"短、平、快"农村经济发展项目。

食用菌广阔的市场前景

随着世界经济不断向前发展,人民生活水平和科学文化素养不断提高,对食用菌的需求会越来越大。经济的发展总伴随着食物结构的改变,营养学家提倡科学的饮食结构应是"荤—素—菌"搭配。欧美很多国家已经把人均食用菌的消费量当作衡量生活水平的一个重要标准。新加坡年人均食用菌的消费量大约为4千克,日本约为3千克,美国约为1.5千克,中国约为0.5千克。

中国人口数量比较多,其膳食结构正逐渐向营养、抗病、保健、无公害方向发展,对食用菌的消费量每年以10%左右的速度不断上升,作为保健食品、有机食品、绿色食品的食用菌在我国的消费潜力非常大。食用菌加工的品类多种多样,不仅涉及医药、罐头制品、食品添加剂,还有保健茶、休闲食品、蔬菜制品等。这不仅提升了食用菌的利用率,而且大幅度增值,提高了食用菌的经济效益。

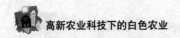

从国际市场上来看,食用菌及其加工品的交易比较频繁,我国食用菌产品的出口量在不断上升。不管在国际市场还是国内市场,食用菌的销路都非常广阔,潜在市场巨大。

食用菌社会效益显著

食用菌产业是劳动密集型产业,能在一定程度上转移大量农村、城郊剩余劳动力,这些都为农村剩余劳动力提供了增收渠道。与此同时,食用菌产业的壮大发展还会带动其他相关产业,比如商贸、原辅材料、机械加工、交通运输、旅游餐饮的发展,可增加农民的收入、增加农业效益,能形成"兴起一个产业,富裕一方百姓"的农村经济新格局。

新技术变废为宝,增产食用菌

狭义的食用菌业指食用菌的采集、培育、种植业,广义的食用菌业则是指以食用菌为生产对象的食用菌种植业、食用菌精加工业、食用菌流通贸易等系列产业。近年来,在大农业理论中,食用菌被归属于白色农业。

在我国的微生物食物中,食用菌有着悠久的发展历史。当前,食用菌及其食品在我国的微生物食品中发展最快,地位最为突出。随着农业科技的不断发展,我国利用新技术,将一些原本丢弃的废物变废为宝,促进了食用菌的生产和增产。

食用菌是一个变废为宝的产业

我国早期对香菇、木耳等食用菌的栽培,是以其自然生长条件为依托,采用木桩等作为培养基质进行栽培,这就要求用一定直径的树木,通过砍伐树木来栽种食用菌,如此一来,不仅严重限制了食用菌产业的发展,同时也破坏了林业生态环境。

20世纪50年代以来,我国开始研究用一些代料作为食用菌的培养基质,工农林的副产品都能作为生产各种食用菌的原料,如各种农作物的秸秆、玉米芯、棉籽壳、麸皮、米糠、高粱壳等,林业方面可以使用

第五章 农业科技推动食用菌发展

各种木材加工后剩余的木屑、果树修剪下的枝杈,酿造业方面则可以使用酒糟、醋糟以及各种畜禽的粪尿等,这些物品都是人工栽种食用菌的好材料。而食用菌所产生的废料可以生产饲料、肥料、粉末状活性炭、无土栽培蔬菜基质等。

由此可见,食用菌产业是一个高效、生态、环保的产业,能将种植业、养殖业、加工业和沼气生产有机结合、综合利用、变废为宝,形成一个多层次利用物质及能量的自然平衡的生态系统,提高整个生态系统的生产能力。

新技术栽培食用菌推动农民致富

从 20 世纪 80 年代起,我国就开始迅速推广"变废为宝"的培育食用菌的技术,很快成为农民致富的有效手段。食用菌的栽培非常简单,对空闲的房屋、棚窖、厩舍以及野坡、荒滩进行适当改造,在适宜的季节进行栽培即可。我国的食用菌栽培已经在全国大范围内进行了普及,尤其是东北地区,因为那里自然条件和培养基资源丰富,香菇、平菇、木耳等生产已经形成了一定规模,近几年迅速达到 10 多亿吨。

福建也是我国食用菌生产大省,中原各省及西南各省的食用菌生产也呈上升趋势。食用菌及其加工食品在我国蔬菜、副食、主食市场上,以及百姓的生活中已经非常普遍。食用菌是我国传统出口商品，这些产品的生产基地主要位于广大农村地区，农民是食用菌产业的主力军，相对的，食用菌产业也成了农民致富的有效方法。很多地、县、乡已然形成了产、供、销，科、工（加工）、贸（含外销）一条龙格局，甚至一些地方还把食用菌栽培技术列入了"扶贫工程"项目中。

食用菌发展前景广阔

当今世界面临人口、粮食、资源、能源和环境五大问题。我国人口压力一直都是制约经济发展的重要因素之一，随着人口的不断增加，水、耕地等自然资源的人均占有量不断减少，粮食的供求矛盾也日益突出。基于以上情况，如何提高人民的生活水平，是需要我们思考并亟待解决的问题。

食用菌的特殊作用引起了人们的注意，它是发展微生物食物的最佳选择。除了食用菌的高营养价值能改善人们的饮食结构、增强体质之外，更为重要的原因是，食用菌的栽培利用的是农、林业生产中的废弃物，能够变废为宝。栽培食用菌不与农业争地，可充分利用闲置房屋和

滩地进行种植。

培养食用菌之后剩下的废培养基完全改变了原本的成分或性质，以棉籽壳为例，培养食用菌之后的菌渣中的蛋白质含量是栽种之前的两倍多，比玉米的蛋白质含量还要高，菌渣中的氨基酸总量也比栽种之前多了很多。尤为突出的是，菌渣中的赖氨酸含量要比玉米、小麦、大麦等作物的含量要高。因此，培养食用菌之后的菌渣就是很好的饲料。

菌种制备和育种技术的改进

食用菌菌种质量的优劣会直接影响食用菌栽培的成败和产量的高低，有了优良的菌种才能获得优质、高产的食用菌。因此，食用菌制种是食用菌生产中最重要的环节。

根据菌种培养阶段的不同，一般将人工培养的食用菌菌种分为母种、原种和栽培种三类。

食用菌母种的制备

一般情况下，制备食用菌母种会将PDA培养基在试管内制成斜面，所以又称之为斜面种或试管种。当菌丝长满斜面，培养即告完成。试管种的菌种量只是表面上的一层，培养基中90%以上的物质是不能利用的。

我国试验成功了用玉米粒（破碎）、玉米面、小麦粒、稻粒或大米等作基质，再配以辅料制作食用菌母种的方法，菌种量由原试管种培养基的表面一层，变为全部培养基都充满菌丝，大大增加了菌种量，同时降低了成本。

密封常温保藏原种

以棉籽壳制作的金针菇原种、美味侧耳原种，以及侧王、猴头菇原种，待其长至1/2~2/3瓶，在无菌条件下，用灭过菌的5~6毫米塑膜于酒精灯火焰上方烤软，随即拉紧、封住瓶口，再用橡皮筋箍严，使膜紧贴瓶口，阻止氧气进入，可以放置在常温条件下进行保存。这种方法与常规方法制作的原种同时转制三级种，经过出菇试验证明，其出菇期、生物效率都没有明显的差别，这种方法不用冰箱或冷库，可减少投资。

枝条原种和栽培种

把通常用棉籽壳、木屑等制作原种或栽培种改为"枝条法"，也就是将适宜作为培养基材料的树枝条（直径0.5~1.0厘米）切成2厘米左右小段，利用辅料和无菌处理之后，制作原种或者栽培种。这项技术非常便于操作，只需要在无菌条件下取一块菌条插入即可。另外，这种方法也开拓了原种或栽培种的培养基材料。

不同温度型品种的育成

食用菌的生长发育对温度有着严格的要求，尤其是子实体分化、发育阶段，通常要比菌丝体生长时低10℃左右。如果采用空调来调节温度，就会加大设备的投资，而且会消耗大量能源，如果仅只是利用自然条件，高温季节就无法生产。关于这一问题，我国科技人员已经选育出香菇、平菇的高温型、中温型、低温型的新品种，使其子实体的分化、发育不受自然温度的影响。这项研究成果有利于各地农民在自然条件下，选用相应温度型品种进行常年生产，因此，我们可以常年买到鲜香菇和平菇。

第五章 农业科技推动食用菌发展

通常来讲，母种用试管进行培养，原种用玻璃瓶进行培养，栽培种用玻璃瓶或塑料袋进行培养。向塑料袋中装料时，地面上最好垫上报纸或者毛巾，避免地面上的沙砾磨破菌袋。母种培养基配制后最好马上进行灭菌，原种和栽培种培养基配置之后应该当日进行灭菌。

食用菌生产技术的不断改进

用农业、林业和酿造业的副产品，也就是所谓的废弃物，作为食用菌培养基原料，是我国食用菌生产技术的重大革新。农业科技的发展为食用菌栽培提供了多种可能。

食用菌的栽培必须用到培养基，目前已经实现了利用废弃物合成培养基这一技术突破，因此这个技术又被称为合成培养基。除了培养基之外，食用菌的栽培方法、栽培场所或设施也得到了有效的改进。

有效合成培养基

食用菌的培养基原料，多使用诸如林材工业的木屑（锯末）、树枝、木材边角料，除此之外，农作物废弃物也能作为食用菌的培养基原料，如玉米秸、小麦秸、豆秸、谷类的糠皮、麸皮、棉籽壳、棉柴、废棉絮、甜菜渣、甘蔗渣、纸屑以及酿造业副产品酒糟、醋糟、糠糟等。通过上述方法能获得高产优质的食用菌产品，平菇、香菇、木耳、金针菇、草菇、猴头菇等多种主要食用菌的栽培都采用了这种方法。

另外，我国还发明了菌草技术，也就是用几十种杂草配制食用菌培养基，栽培平菇、香菇、木耳等，从中获得100%的生物转化率。

利用废弃物栽培食用菌是一项重大的技术进步，上述各种原材料的蛋白质、碳水化合物、矿物质及其他物质的含量有很大差别，而食用菌正常生长发育所需的物质又是相对恒定和有变化规律的。用不同材料制作培养基，用量或比例会有所不同，通常称作培养基配方，我国的这项配方技术得到了推广。因为这种培养基是用农业、林业及轻工业的副产品配合而成，所以叫合成培养基或半合成培养基，它代替了传统的段

木或堆肥培养基，又叫"代料栽培"。合成培养基的各种原料在生产、贮藏或运输过程中广泛与外界接触，可能会带来各种杂菌和害虫，所以要对合成培养基进行高压或药剂消毒才能接种栽培。

对栽培方法进行改革

合成培养基节约了木材、保护了林业，变废为宝，而且有效扩大了食用菌的栽培区域。山区、平原、农村、城市都能栽培食用菌。另外，因为生产环境条件容易控制，产品产量和质量比较稳定，生产周期也相应缩短，效益自然就会提高。新型合成培养基推动了栽培方法的改革，不同地区又因地制宜地创造出很多全新的栽培方法，如下所述：

袋式栽培法，简称袋栽法，又称为太空包栽培法。这种方法主要是把合成培养基装入聚丙烯塑料袋，进行高压灭菌之后接种栽培，或用聚乙烯塑料袋装料，进行常压灭菌接种栽培，袋子的大小依据所栽食用菌种类不同而不同。袋栽技术应用较广，发展较快，同时也派生出很多新技术。如墙式法，即把接种的袋排成墙垣式；挂袋栽培法，即用铁钩把袋子按照一定间距挂在空间内进行栽培；串袋栽培法，即把袋子逐个首尾相连串起来悬挂于空间内；架栽法，即把袋子摆在层架上栽培；埋栽法，即把长满菌丝的袋子，脱袋或划破四周埋于土中进行栽培，这种方法适用于喜欢潮湿环境的食用菌或干旱地区栽种食用菌。

瓶栽法，用广口瓶装入合成培养基，灭菌接种是栽培的一种方法。

　　这一方法比较适合于菌柄较长或者从培养基表面形成子实体的菇类，如猴头菇、木耳、银耳等。这种方法是把瓶子排成墙垣式，也可以摆在层架上，因为这种方法操作不方便，瓶子容易碎，所以逐渐被塑料袋代替。

　　床式栽培法，简称床栽，合成培养基经过处理，摊铺成一定长、宽、厚的栽培床，接种栽培。这种方法可以在平地上，如果林间、屋内、棚窖内，也可以搭建多层次的床架。多少层次要根据空间来定，通常为3~7层，每层间的间距为25~40厘米，以利于通风、加湿和采摘等操作。

改进栽培场所和设施

　　合成培养基原料有很多，可以就地取材，运输方便。栽培方法可以是多种多样的，即便是简单的栽培设施也能满足食用菌的生产要求，还可通过改进栽培场所和设施促进增产。

　　室内栽培。可以用专门的食用菌栽培室，按照食用菌对生长环境的要求，选择适宜的室内栽培食用菌场所，如闲置房屋、棚窖，甚至是地下室、洞穴等，只需稍加改造即可。因为室内的温度、湿度受外界环境影响较小，因此可以进行稳定的集约化栽培。

　　室外栽培。室外栽培受外界环境影响较大，大多数选择在适宜的季节或建设相应的设施进行栽培，如塑料大棚，这种设施最为广泛。也可在冬闲的农田上临时搭建风障，用塑膜罩盖采光加温，并加覆盖物保温。还可以在庭院房前屋后，用塑膜进行床式栽培。

食用菌加工成各种食品

"一荤、一素、一菌"的消费理念已经被人们广泛认同，随着生活节奏不断加快，方便食品的发展势头良好，很多菌类加工食品也随之出现。

常见的菌类加工食品包括面食及糕点类食品、菜肴类加工食品，以及菇类酱、酱油及其他调料类食品。

面食及糕点类食品

茯苓通心粉。通心粉是一种国际性面食食品，膨化之后是上好的点心。这种通心粉采用特级面粉和茯苓粉为主要原料制作而成，是一种新型保健食品，也是我国独创的微生物食品。

茯苓夹饼。这种面食经过上百年时间的考验，从清宫名点到大众消费品，以北京名特产、保健食品、馈赠佳品而广受欢迎。

茯苓糕。自唐宋以来，这种糕点就享有盛誉，也是南方地区脍炙人口的应时名点。之后又在此基础上制作了茯苓饼干、茯苓粉，是普通大众都喜欢的保健佳品。

香菇面包。这是由香菇咸、甜面包融合而成的面包，是一种新开发的保健旅游食品，尤其对体弱者和儿童来说是一种非常容易消化吸收的营养食品。用香菇磨成的细粉与面粉混合，并用香菇煮成的汁液和面，加入相应的辅料，可以制作不同口味的香菇面包。

香菇面条。用干香菇磨制成细粉与面粉调和，或用鲜蘑菇磨成浆和面制作成面条，这种面条不仅有浓郁的香菇风味，还拥有高于普通面条的营养价值。

菜肴类加工食品

调味木耳丝。黑木耳或毛木耳为主料切成丝，搭配适量的辣椒粉、花椒粉、胡椒粉、姜丝、味精、植物油、香油等调制，可以用软包装、

第五章 农业科技推动食用菌发展

玻璃瓶进行封存，灭菌即可。

平菇酸菜和平菇泡菜。平菇是栽培比较广泛、产量最多的菇类，以相应的方法制作成酸菜和泡菜，不仅增加了菜肴的品种，也减少了鲜平菇在运输、贮存过程中造成的浪费。

酸辣金针菇。本菜肴采用轻度乳酸菌发酵，搭配以食盐、辣椒粉、大蒜片等辅料，制成软包装或罐头，具有色佳、气香、口味浓郁的特点。

食用菌方便菜肴。平菇、香菇、金针菇、双孢蘑菇等用辛香料、味精、糖等辅料调制而成，其营养及风味等都优于一般的蘑菇干品和罐头制品，而且食用比较方便。既能工厂化生产也可家庭制作，辛、香、甜、酸程度可以依据需要进行调配。

糖醋蘑菇。在国际市场上，蘑菇是原料罐头制品，食用时需要进行再次烹饪。糖醋蘑菇不仅保持了原有的丰富营养，而且是一种即食食品，食用方便，酸甜可口，更是餐桌、旅游的美味佳肴。

蘑菇酱、酱油及其他调料类食品

蘑菇酱。把平菇、香菇、金针菇、双孢菇等捣烂加糖、盐搅拌均匀，浓缩成蘑菇酱，加入辣、香、甜、咸等辅料进行调味，然后封装，消毒即成。蘑菇酱的营养价值高于普通的酱，可以单独食用，也可以作为调味品。不同的蘑菇可以制成不同的蘑菇酱，并且加工非常方便。

香菇豆酱。在制作豆酱时加入1/2量的香菇片，搅拌均匀后腌制而成。香菇可作为生鲜蔬菜的调味品，提高蛋白质的利用率，而且对原有豆酱风味有很大的提高。按照这种方法，还可以制作平菇豆酱、金针菇豆酱等。

香菇酱油。把香菇加入10倍的水煮沸进行过滤，然后以6份滤液加入100份酱油的比例混合煮制而成。亦可用适口性较差的香菇柄放大用量来制作。

酱平菇。去掉鲜平菇的柄，经过腌渍后用甜酱腌制而成，成品为红酱色，甜脆鲜香，用来烹饪鱼类，风味比较独特。按照这种方法可以制作成酱草菇、酱香菇。

平菇预煮液酱油。平菇经过加工并进行过滤，加入调料精制，然后加入食品防腐剂制成。

香菇等菇类酱油不仅有着独特的风味，而且营养价值要高于一般的酱油。

香菇调料。把干香菇磨制成粉末，加入调料混合均匀而成。平菇、金针菇等都可以制作成粉末状调料，因为是粉剂，所以可以用碎片和菇柄制作。

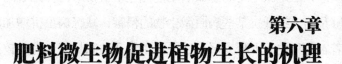

第六章
肥料微生物促进植物生长的机理

现代农业的高速发展带来了一些全新的问题，如资源紧张、废弃物堆积、能源紧缺、环境污染等，加上传统农业已经跟不上时代发展的步伐，白色农业就此应运而生。微生物资源和技术在现代生态农业中发挥着重要作用，进一步促进了现代农业的发展速度，并展现出广阔的发展前景。

微生物肥料推动农业发展

众所周知，肥料是作物的"粮食""营养"，化肥和平衡施肥技术的出现，是第一次农业产业革命的产物和重要标志。而微生物肥料的出现，将成为推动农业可持续发展的一个重要方面，能够使农业获得长足的发展和进步。

微生物肥料是以微生物的生命活动为核心，使农作物获得特定的肥料效应的一类肥料制品，也被称为细菌肥料、生物肥料，很多国家称其为接种剂，日本则称之为微生物材料，归属于土壤调理剂一类。在我国,很早就提出了"细菌肥料"的概念,但是微生物肥料这个名称已经约定俗成,而且也更容易被大众接受。

广义的微生物肥料

广义的微生物肥料是通过其中所含有微生物的生命活动使农作物增产,但是微生物的生命活动还促进了植物对营养元素的吸收,或者能够帮助植物抵抗某些病原微生物的侵害,减轻病虫害增加产量。相信随着农业科技的不断发展,这些微生物及其制品将会有比较合理的归属和分类。

微生物肥料的种类

微生物肥料有很多种类,按照其制品中特定的微生物种类主要分为细菌肥料、放线菌肥料、真菌肥料;按照作用机理可以分为根瘤菌肥料、固氮菌肥料、解磷菌类肥料、硅酸盐菌类肥料;按照其制品内含可分为单一微生物肥料和复合微生物肥料。复合微生物肥料主要包括菌+菌复合、菌+各种添加剂复合两种。目前市场上出现的品种有:

1. 根瘤菌肥料类

根瘤菌的多样性是目前生物固氮资源调查利用的一个热点,目前

生产的根瘤菌肥料种类很多，使用的菌种包括花生根瘤菌、大豆根瘤菌、华癸根瘤菌、笞子、蚕豆、豌豆根瘤菌、苜蓿根瘤菌、菜豆根瘤菌、沙打旺根瘤菌。主要剂型包括粉状接种剂型、液体剂型、种衣剂型。

在菌种的组合上，有用单一的根瘤菌种的，有用同一根瘤菌的不同菌株复合的，也有用根瘤菌与其他微生物，如假单胞菌、类产碱菌等合用以增强其结瘤性能。不过，根瘤菌接种剂在我国总产量不大，而且应用对象仅限于豆科植物。

2. 固氮菌肥料类

这类制品使用的菌种是除了根瘤菌以外的固氮菌，自生和联合固氮微生物就固氮而言，比起共生固氮的根瘤菌，其固氮量要少很多，而且施用会受到更多的条件限制，例如会受到环境条件中氮含量的影响。从实践中可以看出，不仅固氮能对它们产生作用，它们自身也能产生多种植物激素类物质，因此选育一些抗氨、泌氨能力强和产生植物生产调节物质数量大，耐受不良环境强的菌株是此类制剂的研究方向。

3. 解磷微生物肥料类

我国土壤缺磷的面积比较大，约占耕地面积的2/3，除了人工施用化学磷肥外，施用细菌制造的解磷细菌肥料，充分改善作物磷素供应也是一个重要途径。目前认为，此类微生物在生长繁殖和代谢过程中能够产生一些有机酸，如乳酸、柠檬酸和一些酶类。比如植物酶类物质，可以使土壤中的难溶性磷素和磷酸铁、磷酸铝以及有机磷酸盐矿化，形成作物能够吸收利用的可溶性磷，供作物吸收利用。

现在主要研究和应用的菌种包括巨大芽孢杆菌、假单胞菌属的一些种、节杆菌属的一些种、氧化硫硫杆菌、芽孢杆菌或类芽孢杆菌属的一些种和一些真菌。

4. 硅酸盐细菌肥料

使用的菌种主要是胶冻样芽孢杆菌及其他经过鉴定的一类，此类细菌从发现至今已有80多年的历史，这类微生物在其他方面诸如分解矿物、处理污水、活性污泥等方面有不少研究，有的还表现出了一定的应用前景。

5. 光合细菌肥料

光合细菌是一类能将光能转化为微生物代谢活动能量的原核微生物，也是地球上最早的光合生物，广泛分布在海洋、江河、湖泊、沼泽、池塘、活性污泥及水稻、水葫芦、小麦等根际土壤中。光合细菌包括蓝细菌、紫细菌、绿细菌和盐细菌，和生产密切相关的是红螺菌科中的一些属，如红假单胞菌属、球形红假单胞菌、沼泽红假单胞菌属、嗜硫红假单胞菌、胶状红环菌、绿色红假单胞菌属。

光合细菌能在光照条件下进行光合作用生长，能在厌氧条件下发酵，在微好氧条件下进行好氧生长。我国的光合细菌制剂在农业上应用于农作物的喷施，很多地方都收到了较好的应用效果。在畜牧业上用作饲料添加剂，以及畜禽粪便的除臭和有机废物的治理上均有较好的应用前景。

微生物肥料的实际应用

微生物肥料的功效主要与营养元素的来源和有效性有关，或与作物吸收营养、水分和抗病有关，有的还不十分清楚，需要进一步研究。

增进土壤肥力是微生物肥料的主要功效之一，例如各种自生、联合或共生的固氮微生物肥料，能有效增加土壤中氮素的来源；多种溶磷、解钾的微生物，如芽孢杆菌、假单胞菌的应用，可以将土壤中原本难以溶解的磷、钾进行分解，转变为农作物可以吸收利用的磷、钾化合物。微生物肥料的应用，可以提高土壤中的有机质，增加土壤的肥力。

制造和协作农作物吸收营养

根瘤菌肥料是微生物肥料中最重要的品种之一，肥料中的根瘤菌会对豆科植物的根部进行侵染，使根部很容易形成根瘤，生活在根瘤里的根瘤菌类菌体通过豆科植物宿主提供的能量，把空气中的氮转化为氨，又进一步转化为谷氨酰胺和谷氨酸类植物能吸收利用的优质氮素，给豆科植物制造和提供了氮素营养来源。

与化学氮肥相比，微生物肥料具有无可比拟的优越性。化学氮肥施入到土壤后，由于环境和微生物的作用，其中很大一部分会以氨气的形态从土壤中挥发，长期大量使用化学氮肥，会引起土壤养分平衡失调，一方面造成了经济损失，使投入的能量难以回收，另一方面也给环境带来了不良影响。地表水、地下水的硝酸盐积累，海洋湖泊的富营养化，大气中污染气体的增加及温室效应气体二氧化碳的浓度升高，已经成为当今农业和环境的一大问题。

增强作物抗病和抗旱能力

植物根际促生菌的细菌群体，包括很多科的多种细菌，由于这个类群的作用是多种多样的，在国内外生产中已经逐渐开始应用，其中有一些表现出了广阔的应用前景，很多国家对此很重视。国际上相关的研究和学术交流活动逐渐活跃，第三届国际PGPR（植物根际促生菌）研讨会1994年在澳大利亚举行，1997年在日本举办了第四届，每三年一届，轮流在各大洲举行，每次都有数十个国家参加，表明了这个领域的发展趋势。

植物根际促生菌的作用一方面是防治非寄生性植物病原体，通常是指有害根际微生物，接种植物根际促生菌之后能够减轻其作用；另一方面就是对寄生性植物病原体的作用。试验证明，经过植物根际促生菌接种之后，可将传导性土壤转变为抑制性土壤。除了减轻或防治病虫害外，有些微生物，如菌根真菌会在作物根部大量生长，菌丝除了吸收有益于作物的营养元素外，还增加了水分的吸收，这个现象已为近年的研究所证实。

减少化肥使用量和提高作物品质

使用微生物肥料可以减少化肥的使用量，相关研究表明，根瘤菌肥料应用于作物之后固氮相对减少，因而氮素化肥的使用量也会相应减少。除了根瘤菌肥料之外，其他微生物肥料施用之后也能有效减少化肥的使用。减少化肥的使用不仅有经济上的意义，而且有生态学方面的价值。

相关研究还证明，使用微生物肥料对提高农产品品质，如蛋白质、糖分、维生素等的含量有一定作用。在有些情况下，品质的改善比单纯的产量提高更加有益。另外，应用微生物肥料还有一些间接的好处。一方面可以节约能源，降低生产成本，与化肥相比，生产时所消耗的能源要少得多；另一方面，微生物肥料不仅用量少，而且由于自身无毒无害，不存在污染环境的隐患。

微生物肥料的特点与施用

微生物是微生物肥料的核心，使微生物肥料具备了微生物的特性。因此，微生物肥料必须要有一个合适的环境，并要能够解决微生物肥料的有效期问题和适用问题，掌握特定的施用技术。

微生物肥料是一类活菌制品，它的效能无不与此有直接的关系，必须正确使用。想要微生物肥料发挥功能，就必须根据其特点注意以下几个问题。

活微生物是微生物肥料的核心

世界上任何一个国家都对微生物肥料的有效活菌数有具体规定，当有效活菌降低到一定数量时，微生物肥料就会失去作用。除了活菌数量之外，还有不同微生物特有的活性指标，目前这一点尚在试验、探索当中，需要用研究、试验来验证什么样的指标才是合理、有效的。我国现行的由农业部颁布的微生物肥料标准对各种微生物肥料产品都规定了相应的最低的活菌含量。

给微生物肥料一个合适的环境

微生物肥料是一类农用活菌制剂，从生产到使用，整个过程都要为产品中的微生物创造一个合适的环境，主要的环境因素包括水分含量、pH、温度、载体中残糖含量、包装材料等，尤其要对产品中的杂菌含量进行严格控制，任何一个环境因素出问题，都可能导致微生物肥料失效。比如，如果微生物肥料的含水量过高，就可能滋生霉菌，当这样的微生物肥料被应用于播种时，在低温条件下，种子萌发的时间相对延迟，

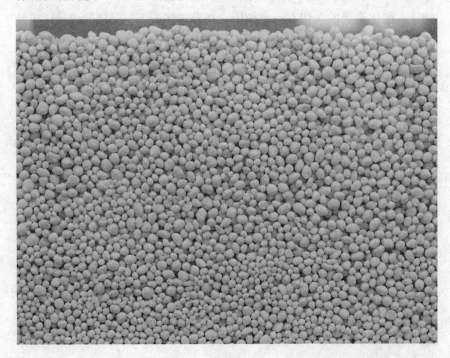

过多的霉菌会导致种子霉烂。但温度过高时，又会减少产品中的有效微生物，增加杂菌数量。因此，产品冰冻或反复冻融都会造成产品中有效微生物的数量锐减。

微生物肥料的有效期问题和适用问题

有效期问题是微生物肥料作为活菌制剂的一个重要问题，此类产品刚生产时含有较高的活菌含量，但是随着时间的推移，再加上不当的运输方式和保存条件的改变，产品中的有效微生物数量会逐渐减少，当减少到一定数量时，也就失效了。

除此之外，我们还要关注产品的适用作物和适用地区，这样才能有效保证微生物肥料作用的发挥。应用时应有针对性地选育生产菌种，或针对某种特定作物选育菌种。

微生物肥料的施用技术

使用微生物肥料时，不要使其长时间暴露在阳光下，避免紫外线杀死肥料中的微生物。配伍禁忌是另外一个必须注意的问题，有些产品不宜与化肥混合施用。比如，一些与固氮有关的微生物肥料就不宜与化学氮肥混合施用。此外，杀菌剂也不能与各种微生物肥料混用，避免杀死其中的有效菌。

在使用微生物肥料时，要采用正确、科学的方法，以得到最大的收益。实际上，任何一种肥料都需要有一个正确、合理、科学的使用方法。

微生物肥料的现状与发展趋势

大豆根瘤菌剂和花生根瘤菌剂是我国最早研究并应用的微生物肥料。近年来，我国微生物肥料行业迅猛发展，无论是微生物肥料产品的种类和总产量，还是对微生物肥料的应用都在快速增加，并逐渐成为肥料家族的重要成员。

我国微生物肥料的研究和生产始于新中国成立初期，至今已经有几十年的历史，其间经历了几次起伏，现在已进入了新的发展时期。

微生物肥料产业基本形成的表现

目前,我国的微生物肥料产业已经基本形成,主要表现包括:

1. 全国微生物肥料企业有800多家,约万人从事微生物肥料的生产工作,年产值达到上百亿元。

2. 产品种类丰富,包括固氮菌剂、根瘤菌剂、硅酸盐菌剂、溶磷菌剂、光合细菌菌剂、有机物料腐熟剂、复合菌剂、内生菌根菌剂、生物修复菌剂、复合微生物肥料和生物有机肥类产品等,现在已有约千个产品取得农业部的登记证,其中上百个产品转为正式登记。

3. 微生物肥料使用菌种的种类不断扩大,除了根瘤菌之外,还有自生固氮菌、联合固氮菌、纤维素分解菌、乳酸菌、光合细菌等,现在使用菌种已多达上百种。

4. 效果逐渐被使用者认可,应用面积每年都在不断扩大。随着质量意识开始深入人心,质检体系初步形成,以及微生物肥料标准体系的

基本建成，微生物肥料的生产应用及其质量监督都有据可依，因此其逐渐得到了使用者的认可，应用面积也在逐年扩大。

5. 微生物肥料产品进出口逐渐活跃，已经步入经济全球化轨道。国家产业政策对行业的发展给予了一定程度的重视和支持，在科研资金支持力度和产业化示范项目建设上的立项都是空前的。

微生物肥料的应用前景

微生物肥料的生产成本低，应用效果好，不会污染环境，施用之后不仅能增加产量，还能有效提高农产品的质量并减少化肥的使用量，因此在我国农业持续发展中占有重要的地位。随着我国人口日益增加，人民生活水平的不断提高，对农产品的数量和质量都提出了更高的要求。

同时，随着耕地不断减少，化肥使用量也随之不断加大，生产成本直线上升，环境不断恶化。基于此，微生物肥料的综合作用更能显示出它在农业生产方面的应用优势和良好前景。随着国内外积极发展绿色农业，生产安全、无公害的绿色食品也是一个新的发展趋势，为开发生产高效优质的微生物肥料提供了另外一种思路。

国内外微生物肥料的发展趋势

国外对微生物肥料的研究和应用历史比我国更长，其主要品种为各种根瘤菌肥。早在20世纪20年代，美国、澳大利亚等国就开始了根瘤菌接种剂的研究和试用，一直到现在，根瘤菌肥仍然是微生物肥料中的主要品种，但也发展出了很多全新的品种。目前，国内外微生物肥料的发展趋势可以概括为以下几点：

1. 应用地区和豆科作物品种不断扩大。相关资料显示，包括美国、英国、法国、日本、意大利、加拿大在内的几十个国家都生产根瘤菌肥，而且种类很多，可用于大豆、花生、绿豆、菜豆、苜蓿、三叶草、山羊豆、银合欢、木豆等。除了草本豆科植物的根瘤菌肥，联合国粮农组织还在马拉维、赞比亚等国帮助推广豆科植物的根瘤菌肥料和非豆科植物的弗氏固氮放线菌接种剂，接种效果稳定。

2. 生产条件的提高和生产工艺的完善。发达国家的接种剂生产环境条件很严格,除严格的发酵条件外,载体灭菌通常都采用 γ - 射线,使产品质量得到了保证。很多国家根据本国特点筛选适用的载体、培养基配方以及其他工艺流程,为生产优质的产品奠定了基础。

3. 微生物肥料剂型、黏着剂的发展。我国多年来使用的剂型主要是草炭载体的粉剂,此外还有液体剂型、冻干剂型、矿油封面剂型、颗粒剂型等。为了使微生物肥料接种时不致散落,黏着剂的使用是一个重要的方面,加拿大的自粘式菌剂就是一个例证。

第七章
微生物饲料生产技术

当前世界有三大难题：食物、环境和能源。解决这三个问题的办法都与微生物和微生物饲料有关。如何解决蛋白饲料匮乏和有效利用粗纤维是解决人类食物短缺、改善环境、节约能源的重要环节，微生物饲料则是最重要的途径。那么，微生物饲料生产都采用了哪些先进的技术呢？让我们走进本章寻找答案吧。

微生物发酵而成的饲料

微生物饲料的研究、生产和应用是白色农业的重要内容，一般来讲可分为微生物饲料和微生物添加剂两大部分。

微生物饲料是以微生物、复合酶为生物饲料发酵剂菌种，将饲料原料转化为微生物菌体蛋白、生物活性小肽类氨基酸、微生物活性益生菌、复合酶制剂为一体的生物发酵饲料。该产品不但能弥补常规饲料中容易缺乏的氨基酸，而且能使其他粗饲料原料营养成分迅速转化，达到增强消化吸收的效果。

单细胞蛋白和菌体蛋白饲料

单细胞蛋白和菌体蛋白都是指大量生长的微生物菌体或其蛋白提取物,不过前者多指用酵母或细菌等单细胞菌类生产的产品,后者则包括多细胞的丝状真菌类菌体产品,两者都能成为人或动物的蛋白补充剂。

单细胞蛋白和菌体蛋白饲料的优越性主要表现为:

1. 生长速度快,蛋白含量高。细菌20分钟到两小时增殖数为1倍,酵母在1~3小时增殖1倍;每一大型发酵容器在24小时内甚至能产生数吨富含蛋白质的产品。

2. 原料来源广泛。除了石油、天然气之外,还可用淀粉及其下脚料、废水、某些工业废渣、粪便、秸秆等作为原料。

3. 生产过程容易控制。由于是工业化生产,所以不受气候、土壤和自然灾害的影响,能连续生产,成功率高。

4. 营养功能多。这些产品的氨基酸组成和动物产品非常相似,还富含维生素类成分。同豆粉比较,它的可利用氮比豆粉高20%,在添加蛋氨酸时,可利用氮高达95%以上。

从生产工艺问题上来讲，可以归纳为如下几个方面：

1. 菌种的筛选原则。除了传统发酵菌株技术之外，筛选的菌种必须符合以下条件：能够很好地同化基质碳源和无机氮源；繁殖速度快，菌体蛋白含量高；无毒性和致病性；菌种性能稳定；最好能搞混菌培养。选择生产菌株时，既可选择细菌、酵母、丝状真菌、大型真菌、放线菌，也可以选择藻类，各有优缺点。

2. 原料及其配制。菌体蛋白饲料的生产原料有很多，根据菌种、原液的不同，发酵工艺也会有所区分。由于最终的产品要含有较高的蛋白质，所以一般会把生育比率较高的高浓度氮素营养添加到培养基内，便于对细胞进行强制给料培养。

3. 生产手段的选择。生产手段的选择对产品成本有很大的影响，通常来讲，废液类及石油等要采用液体发酵工艺，农副产品类和渣粕类原料最好采用固体发酵工艺。饲料产品大都是价低利微产品，生产设备越少、工艺越简单，就越能降低成本。

发酵饲料和饲料贮藏

发酵饲料具有悠久的历史，它利用各种有益微生物的作用，把粗

饲料加工成高养分、适口性的饲料，以增加畜禽的采食量和营养吸收。参与饲料发酵的微生物主要有霉菌、酵母以及细菌的一些类群，它们主要来源于菌种和原料。其作用一是利用曲霉将粗饲料中畜禽不容易消化的成分转化为可给态，其中最大量的是将粗纤维、淀粉、果胶等物质转化为各种糖类；二是利用酵母和乳酸类细菌将饲料中的某些成分进一步合成营养价值较高或适口性较好的物质，如蛋白质、氨基酸、维生素、有机酸、醇等。

饲料的青贮其实也是一个微生物发酵过程，现在已经明确了这个过程是乳酸菌产生大量乳酸以及对植物酶、酵母菌和其他细菌产生抑制作用的结果，所以有效的青贮以乳酸发酵最好，接种乳酸菌、链球菌或球菌是有效措施之一，进行单菌或混菌接种都可获得满意的结果。

微生物饲料添加剂

微生物饲料添加剂是农业部批准的饲料添加剂，主要是通过改善动物肠道菌群生态平衡而发挥有益作用，以此提高动物的健康水平、抗病能力、消化能力的一类产品。伴随着农业科技的发展，微生物饲料添加剂的种类也在不断更新。

微生物饲料添加剂是有效解决疾病泛滥、病菌耐药、免疫力低下、成活率低、养殖效益下降的有效手段，是畜牧业可持续发展的动力。微生物饲料添加剂并不单一，它分为不同的种类，主要包括酶制剂类和真菌添加剂、维生素类添加剂、抗生素类添加剂以及其他微生物饲料添加剂。

酶制剂类和真菌添加剂

对畜禽来说，酶制剂的作用是显而易见的。以猪为例，由于它不能分泌消化酶来消化大多数植物性饲料中的非淀粉类多糖，而且这些非淀粉多糖具有一定的胶黏性，会增加肠道内容物的黏度，使内源酶和培养基质无法扩散，也使饲料滞留在肠道的时间缩短，降低了饲料的利用率,这种情况在仔猪中表现得尤为明显。相关研究表明,添加酶制剂不仅可以提高大麦、燕麦、黑麦等饲料的消化率,同时也能提高大豆饼的消化率。

目前,养猪所使用的酶制剂大都提倡将两种以上的酶混用,比较常见的有糖化酶、蛋白酶和纤维素酶的混合酶。因为猪胃中的pH在1.0~4.8之间,因此要使用耐酸性酶。

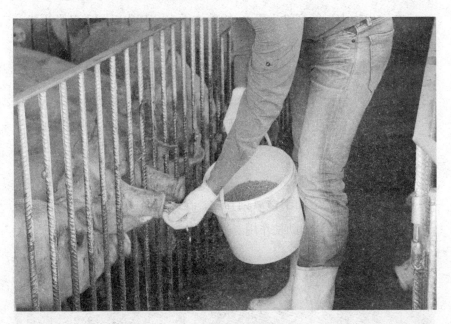

美国曾经报道在325头育肥牛日粮中加酶喂养,可增重7%。相关实验证明,添加酶的种类以蛋白酶和淀粉酶为主。在发酵产品的研究中,还有一种称为真菌添加剂,主要是曲霉菌的产物,它们是一种天然的催化物和酶促物。相关研究表明,真菌添加到多种淀粉和纤维素的日粮中是提高消化率的好办法。

维生素类添加剂

维生素是动物体内酶和辅酶的成分,对各种代谢过程起着调节作用,同时也有激活某些机能物质的作用。当饲料中缺乏维生素时,小动物就会停止生长,尤其是家禽类。因为它们的消化道内微生物数量减少,大多数维生素在体内无法合成,有的虽然能合成但数量很少,所以必须从饲料中摄取相关营养进行补充。

维生素的种类有很多,分为人工合成和生物合成。在很多微生物产品中,都含有一种或数种维生素。利用微生物生产饲用维生素,由于可以用粗制品,在工艺和成本方面都比较理想,用量较多的维生素 B_2 等更是如此。

在微生物中,能产维生素 B_2 的菌株很多,其中以阿氏多囊霉为最佳,因为它对营养的要求不高,可生长在多种农副产品上,如小麦、麸皮、米糠、棉籽饼、甘薯藤、甘蔗渣、菜籽饼、豆渣等。它的生产方法也多种多样,有一种利用豆渣为主要原料的简易固体发酵技术,能在28℃培养 4~5 天后生产出较好的粗制品,作为维生素 B_2 饲料添加剂是完全可以的。

抗生素类添加剂

抗生素类产品应用于畜禽饲养业,在防治畜禽细菌性疾病方面有显著效果,并有较好的助长作用。适量的抗生素会使家畜肠壁变薄,使

养分能够充分渗透和被吸收；能增加畜禽的食欲，增加采食量；还能刺激脑下垂体分泌激素，促进发育等。

抗生素主要用于猪、鸡等单胃畜禽，常用的有土霉素、青霉素、链霉素、杆菌肽等。不过，随着人们健康意识的不断提高，人们反对滥用抗生素类添加剂的呼声越来越高，这是因为长期使用抗生素会使某些致病细菌产生抗药性而危害人体健康。

其他微生物饲料添加剂

氨基酸。由生物发酵法或化学合成法生产的赖氨酸或蛋氨酸，已经广泛应用于饲养业，并发挥了巨大作用。除了上述两种氨基酸被广泛应用之外，色氨酸、苏氨酸等也受到了越来越多的重视。目前，谷氨酸也被作为添加剂使用。虽然谷氨酸不是动物机体必需的氨基酸，但它能在动物机体内作为必需氨基酸的转化材料，对产蛋鸡和发育盛期的雏鸡作用更为明显。如果按照 0.1% 的比例添加到猪饲料中，能使猪明显提高食欲，加快生长，在人工乳中添加这种物质也有良好的效果。

活体微生物。主要指微生物的培养产物或发酵产物，绝大多数研究围绕着乳酸菌菌属、枯草杆菌以及一些链球菌。实验证明，这些培养物能引起畜禽肠道微生物菌群的变化。因为很多乳酸杆菌类在饲料中不太稳定，所以近年来人们便把兴趣转向了枯草杆菌，这类菌有芽孢，比较稳定，能减少产生肠道毒素的大肠杆菌，降低体内氨的水平。

菌体蛋白饲料的生产与应用

在我国蛋白资源紧缺、薯类等粗淀粉原料相对丰富的状况下，为了减少鱼粉进口及代替部分豆饼原料，我国自主研发了 4320 菌体蛋白饲料，并取得了重大的科研成果。

我国自力更生开展饲料工业和畜牧业的研发，之所以称为 4320，是因为这种混生配伍菌株于 1984 年 3 月 20 日被研制出来，这一成果已于 1987 年通过广东省级技术鉴定，受到与会微生物专家和畜牧专家的高度评价，认为其菌种选育方法是首创，不仅工艺好，而且效果良好。

1981年，在巴黎召开的第三次国际单细胞蛋白会议上，专家提出以淀粉原料生产菌体蛋白是一个值得重视的方向。我国广东省微生物研究所于1984年开始研发4320菌体蛋白饲料，由于利用粗淀粉料进行不灭菌固体发酵技术生产，因此具有成本低、适用范围广等优点。生产4320菌体蛋白饲料的原料有很多，具体分为如下几个方面。

用薯类等粗淀粉原料生产4320菌体蛋白饲料

我国人口众多，以增产或进口鱼粉来解决蛋白源紧缺问题并不现实，以种植豆类作物来解决这一问题也不划算。所以，以种植粗放的甘薯作物进行生产是不错的选择。我国甘薯产区广阔，利用这些原料生产4320菌体蛋白饲料，能大大缓解蛋白紧俏的问题。所以，因地制宜地利用部分薯类，特别是将新鲜薯类捣碎生产4320菌体蛋白饲料发展畜禽业，是发展农村经济的明智措施。

用柠檬酸渣生产4320-848菌体蛋白饲料

柠檬酸渣是柠檬酸厂的废渣，每产1吨柠檬酸，大约能排出1.5~2

吨湿渣，虽然有的国家和地区把这些渣子烘干之后作为饲料，但这样做会消耗大量能源，如果堆积还容易污染环境。所以，国内外柠檬酸厂都为处理此渣花费了大量的人力和物力。

为了对这一废弃物进行充分利用，应采用平板点种刺激圈筛选优良协生菌株的方法，选育出在柠檬酸渣上生长良好的菌株和白地酶配伍，采用固体发酵技术，把原本酸性不适口的柠檬酸渣变成中性味香适口的高级菌体蛋白饲料，提高柠檬酸渣的利用价值。这个项目如果研究成功，对柠檬酸厂的综合利用非常有帮助，还能消除污染，变废为宝，并助力饲料工业、畜牧业等行业发展。

用甜菜渣原料生产 4320-894 菌体蛋白饲料

甜菜渣是甜菜制糖之后的渣粕，是一种污染环境的废物。近些年，有些企业以它为原料生产有机酸，还有很多工厂把它烘干之后当作饲料原料出售。不过，这些渣粕的产量非常大，产期又非常集中，一旦处理不及时就会发臭变质，使很多厂家为此付出了大量环保处理费。因此，寻找多种方法处理甜菜渣变废为宝就成为需要研究的课题。

用豆渣生产 4320-4714 菌体蛋白饲料

豆渣是豆类制品厂的副产品，如果按照传统方法，将豆腐渣直接

用于养牲畜,对分散的小作坊来说,因为量小所以处理不是问题,但对豆类制品厂来说就是一个麻烦,因为豆渣量大、水分多,一旦无法及时处理就很容易酸败发臭,污染环境。牲口吃了之后也会因为难以消化而出现拉稀现象。

用茶籽饼生产4320-921菌体蛋白饲料

油茶籽饼也被称为茶饼、茶枯、枯饼等,其数量是油茶的3倍。在我国南方地区,油茶广泛种植,其油脂为高级营养油,十分受国内外市场的欢迎。不过其榨油之后的渣饼常常被当作燃料烧掉,十分浪费。其实,茶籽饼有一定的营养价值,但由于它含有茶皂素,对牲畜来说有毒性,同时还含有较多的单宁,影响适口性,因此没有经过处理是无法作为饲料的。

用酒糟、啤酒糟、丙酮丁醇渣生产4320-931菌体蛋白饲料

酒糟是用淀粉含量较多的谷物或薯类等酿酒之后剩下的废料,从传统手法上来讲,农村都用来作为猪、牛的饲料,因为原料和酿造方法不同,各种酒糟的成分和营养价值也不一样。在酿酒过程中,可溶性碳水化合物发酵成醇,被蒸馏出来,所以酒糟中的粗蛋白质、粗脂肪、粗纤维、粗灰分等含量在浓缩之下增高,而无氮浸出物也随之降低。由于酒糟营养成分不齐全,人们称之为"火性饲料",喂食过多的话容易引起便秘。

甘蔗糖厂废料发酵强化基质蛋白

甘蔗糖厂主要有甘蔗渣、废糖蜜和滤泥三种废料,性状和成分不相同,利用价值也很不一样。把这三种废弃物进行适当的配比和处理,就能作为4320的发酵原料,这一过程需要农业科技发挥作用。

甘蔗糖厂里有很多甘蔗渣,数量庞大,因为纤维含量比较高,不仅鸡、猪无法适应,即便是草食动物羊、牛、兔等,也因为适口性不佳很难进行喂饲。但是如果把它调配成培养基配方,经过4320发酵之

后，不但成分会有所改变，营养价值有所提高，而且能改善适口性，就可以按照一定比例拌入猪、鸡等动物的饲料中。确定生产配方后，可按照4320生产工艺操作。由于蔗渣用量较大，通气性较好，因此可以适当减少通风量、风压和通风时间。

生产发酵培养基配方的相关例子

用蔗渣配制发酵培养基配方，要根据饲养对象和微生物的营养要求，通过筛选试验并分析之后才能确定。下列生产配方仅供参考：

配方：蔗渣40份，薯渣60份，薯干粉20份，滤泥10份，无机盐适量，加入5%的糖蜜水。

这个配方生产的产品粗蛋白含量约为18%，适于养鱼、兔。在猪饲料中添加10%。

强化基质蛋白的养殖效果

利用甘蔗糖厂肥料发酵强化基质蛋白产品作为草食性动物的饲料是可行的，而且采用这种饲料的养殖是有一定效果的。

广东某地的一名饲养户曾经买了22只阳江麻鹅苗，用这种产品饲养了60多天，饲养方法为圈养，除了提供上述强化蛋白产品之外，还饲喂一些带叶的萝卜等青饲料，饲养之后全部成活，整个过程共消耗强化蛋白产品100千克，总花费159元，按照当时的市价总共销售了393元，显而易见，是有盈利的。该饲养户是家庭妇女，养鹅是副业，如果专门的养殖户，每月获得的利润会是她的10多倍，而且这种强化蛋白产品养出的鹅毛色光鲜，在市场上非常抢手，鹅肉更是鲜嫩无比。

从上述的事例中不难看出，用这种强化蛋白饲养出来的动物比用其他品种的饲料养殖效果更好。

秸秆粉碎加工成的纤维饲料

秸秆饲料主要是指以甜高粱、玉米、芦苇、棉花等秸秆粉碎加工而成的纤维饲料，也是反刍动物的主要饲料。用秸秆养畜，实现过腹还田是一种综合效益较高的生产模式。现如今，用于饲料的主要是玉米秸秆和稻草，可以直接饲喂，也可以经过加工之后饲喂。

秸秆的粗纤维含量比较高，难以被动物消化吸收，可利用养分较少，适口性较差，从饲料分类上来讲，归为粗饲料。秸秆饲料加工的方法有很多，具体如下：

秸秆氨化技术

秸秆的主要成分为粗纤维，粗纤维中的纤维素、半纤维素是可以被草食家畜作为饲料消化利用的，木质素则基本上不能被消化，秸秆中所含的部分纤维素与木质素相结合，阻碍了其被牲畜消化吸收。而氨化后的秸秆粗蛋白含量会有所增加。通常来讲，氨化秸秆的消化率可提高20%左右，采食量也相应能提高20%左右，可提高粗蛋白含量1~1.5倍，并能提高秸秆的适口性和采食速度，氨化后秸秆总的营养价值能够提高一倍。氨化的方法具体如下：

液氨氨化。将秸秆打捆堆成垛，用塑料膜覆盖密封，把相当于秸秆干物质重量3%的液氨注入其中进行氨化。氨化时间根据季节的不同而不同，夏季大约需要一周，春秋时节大约需要 2~4 周，冬季大约需要 4~8 周时间。

氨化炉氨化。用氨化炉进行氨化，温度应控制在 80℃~90℃，只需一天即可完成氨化过程。

尿素氨化。把秸秆切碎放到氨化池中，用相当于秸秆干物重量 5% 的尿素处理，尿素要先溶于水中，然后均匀喷洒在秸秆上，待氨化池装满、压实之后用塑料膜覆盖密封。处理时间比"液氨氨化"稍长一些。

氨水氨化。氨水氨化的方法和液氨氨化的方法基本相同，其用量也应该相应有所增加。在四种氨化方法中，以液氨与尿素的氨化效果最好。

玉米秸秆青贮饲料技术

青鲜玉米秸秆粉碎之后，经过微生物的发酵做成青饲料，在发酵过程中产生一定浓度的酸（乳酸），既能让饲料的应用成分不受损，又能保持饲料青鲜多汁，并具有酸香味，贮存时间也较长。这种饲料不仅可以常年用于喂养家畜，也有利于进行秸秆过腹还田和生态农业的良好循环，具体方法如下：

建青贮池。所建的池地要远离粪坑、活水坑，建在干燥、地势高的地方，可以选择长方形和圆柱形两种，可以是地下式、半地下式或全地上式。用砖砌池壁，水泥材料造底，每立方米容积可以装青贮料500~600千克。

青贮。玉米秸秆用机械粉碎后装入池中，一边装一边压实，随后洒入一定量的水并渗入少量尿素，装满池子之后用塑料膜封严，上面盖上0.3米厚的土层。

发酵。密封的玉米秸秆粉碎料经过30天左右，就能完成发酵，玉米秸秆青贮饲料就制成了。通常来讲，玉米秸秆青贮饲料具有酸香味，1500千克玉米秸秆青贮饲料的营养价值相当于200千克玉米的营养价值。

秸秆微生物发酵贮存技术

农作物秸秆经过机械加工和微生物菌剂发酵处理之后，将其贮存在一定设施内的技术被称为微贮技术。

微贮饲料的发酵过程主要是利用生物技术培育出高效活性微生物

复合菌剂，经过溶解复活之后，把0.8%~1%浓度的盐水喷到加工好的作物秸秆上压实，然后繁殖发酵完成。高效活性微生物复活菌剂为粉剂，称为"秸秆发酵活杆菌"，适用于所有农作物秸秆。微贮饲料主要用于喂牛、羊等反刍家畜。微贮技术的特点为：

成本低，效益高。每吨秸秆支撑微贮饲料只需要用3克秸秆活杆菌，每吨秸秆氨化则需要用30~50千克尿素。

适口性好，采食量高。秸秆经过微贮处理后，牛、羊的采食速度可提高40%~43%，采食量可增加20%~40%。

消化率高。以营养价值很低的麦秸秆为例，微贮过程经过处理后，干物质消化率能提高24.14%，粗纤维消化率能提高43.77%，有机物消化率能提高29.4%。

提高秸秆的利用率。稻麦秸、玉米秸秆、高粱秸秆、土豆秧、甘薯秧等都能制成优质的微贮饲料，具有可制作季节长、保存时间长、无毒无害、制作简便等优点。其作业方法主要有：水泥窖微贮法、塑料袋窖内微贮法、土窖微贮法、压捆窖内微贮法等。

蛋白草粉的相关研究

中国草粉生产尚处于起步阶段，配、混合饲料中草粉所占比例小。不过，中国饲草资源非常丰富，很多优质牧草富含蛋白质，非常适合加工成优质草粉，尤其近年来苜蓿的种植面积不断扩大，为草粉生产开辟了更为广阔的前景。

虽然中国南方和北方条件有很大差异，但在草粉的生产和发展上都有一定的优越性。充分利用中国的有利条件，加快发展苜蓿草粉，是解决蛋白饲料严重不足的好方法。

加工草粉的优质原料

加工优质青干草粉的原料，主要是高产优质的豆科牧草，以及豆科和禾本科牧草的混播牧草。杂类草、木质化程度较高和粗纤维含量高于33%的粗硬牧草，以及含水量在85%以上的多汁、青绿饲草等都不适宜加工成草粉。在我国北方地区，用于加工草粉的好原料主要有以下几个品种：

紫花苜蓿。主要生长在北方地区，苜蓿草粉是世界上产量最大、应用最为广泛的草粉之一。

沙打旺。沙打旺是风沙土地区的高产牧草之一，主要生长在沙地上，所以用其调制干草很方便。

红豆草。适合生长在半干旱地区，调制干草比较容易，是加工草粉的好原料，由于其茎基部比较粗硬，适宜加工成草粉进行利用。

野生牧草。天然草地上生长的野生牧草，只要草质优良、营养价值高，且没有毒草混入，就能调制成干草后加工成草粉，如羊草、老芒麦、披碱草等。

草粉的加工工艺

刈割。很多因素都会影响草粉的品质，除了品种和生长环境之外，还受到牧草刈割时期、干燥方法、干燥时间、工艺流程、加工机械等的影响。其中，牧草的刈割时期对草粉的品质影响最大，也最容易被忽略。青干草粉的质量与原料刈割期有很大关系，必须在营养价值最高的时期进行刈割。通常来讲，豆科牧草第一次刈割应该在孕蕾初期，之后刈割应该在孕蕾末期，禾本科牧草刈割不能迟于抽穗期。

切短。切短就是把收获的牧草进行简单的加工，是进行其他加工前的处理，有利于再加工的牧草被充分粉碎。但是有的生产过程中没有这个工序，而是把刈割的牧草自然干燥后直接粉碎。

干燥。脱水干燥是牧草产品生产中最为重要的环节，根据牧草干燥过程中干燥能源的不同，基本上分为三个类型，分别是以太阳光能为能源的自然干燥法、以日光能和化学能为能源的混合脱水干燥法、以化学能为主导的人工干燥法。在草粉的生产过程中，最好使用人工干燥法或混合脱水干燥法。

粉碎。粉碎是草粉加工中最后也是最重要的一道工序，对草粉的质量有非常重要的影响，因此有很高的技术要求。牧草经过粉碎后，增大了饲料暴露的表面积，有利于动物消化和吸收。动物营养学相关实践证明，缩小碎粒尺寸可以改善动物对干物质、氮和能量的消化和吸收。

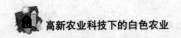

草粉的饲用价值

从保存养分的角度来说，草粉富含蛋白质、维生素等营养元素，其中含有的可消化蛋白质为 16%~20%，各种氨基酸总量大约为 6%。另外，草粉还含有叶黄素、维生素 C、维生素 K、维生素 E、B 族维生素及其他生物活性物质。所以，将草粉作为蛋白质和维生素补充饲料，作用优于其他的精料。

把一定比例的草粉加入配好的饲料中，会让饲料具有营养齐全、生物学价值高的特点，对畜禽健康和生产性能都具有较好效果，从而获得显著的经济效益。当把 3%~5% 的优质草粉加入蛋鸡饲料中，可以提高产蛋率，改善蛋黄颜色，增加蛋壳牢固度和色泽，提高孵化率；向肉鸡饲料中添加少量草粉，能有效增强其体质，并使皮肤、腿和喙呈现大众所喜欢的黄色；种母猪的日粮中添加 5%~10% 或更多的草粉，可替代部分精料，降低饲料成本。

第八章
微生物能源的相关技术

人类社会已经逐渐步入经济全球化时代，对能源的需求量也越来越大，随之而来的就是环境的不断恶化。人类在征服自然的同时，也会受到大自然的相应惩罚，甚至还会威胁到我们生存的环境、阻碍社会发展。本章重点从生物生态学的角度提出解决能源问题的有效措施，并着重介绍微生物能源的利用和开发。

沼气发酵的相关技术

能源问题正随着一次性能源（如石油、天然气、煤）的加速消耗而日益突出，能源问题引发的国际纷争屡屡发生。化学性燃料的燃烧也给环境带来了前所未有的污染问题，人类生存的环境质量也随之下降。

在化学气体中，甲烷、乙醇和氢气等不仅是可再生燃料，而且在燃烧过程中不会产生危害环境的物质。尤其是氢气，经过燃烧之后仅仅形成水，具有清洁、高效、可再生等特点。另外，这些燃料可通过微生物利用有机废弃物产生，在获得清洁燃料的同时，也对有机废弃物进行了处理，能够保护和改善我们的生存环境。

沼气发酵的三个阶段

沼气发酵是指各种固态的有机废物经过沼气微生物发酵产生沼气的过程，大致可以分为三个阶段：

液化阶段。因为各种固体有机物通常不能进入微生物体内被微生物利用，因此必须在好氧和厌氧微生物分泌的胞外酶、表面酶（纤维素酶、蛋白酶、脂肪酶）的作用下，将固体有机质水解成分子质量相对较小的可溶性单糖、氨基酸、甘油、脂肪酸。这些质量较小的可溶性物质能进入微生物细胞内，得到进一步的分解和利用。

产酸阶段。各种可溶性物质，如单糖、氨基酸、脂肪酸，在蛋白质细菌、脂肪细菌、纤维素细菌、果胶细菌胞内酶作用之下继续分解转化成低分子物质，如丁酸、丙酸、乙酸以及醇、酮、醛等简单有机物质，同时也会释放部分的氢、二氧化碳和氨等无机物。这一阶段的主要产物是乙酸，所以称为产酸阶段，参与这一阶段的细菌称为产酸菌。

产甲烷阶段。产甲烷菌将第二阶段分解出的乙酸等简单有机物分解成甲烷和二氧化碳,其中的二氧化碳在氢气的作用下还原成甲烷,这一阶段被称为产气阶段或产甲烷阶段。

参与沼气发酵的细菌

通常来讲,从有机物开始分解一直到最后生成沼气,参与发酵的细菌共有五大生理类群,分别为发酵性细菌、产氢产乙酸菌、耗氢产乙酸菌、食氢产甲烷菌和食乙酸产甲烷菌。五大群菌构成了一条食物链,根据不同的代谢产物,前三群细菌共同完成水解酸化过程,后两群细菌则负责完成产甲烷过程。

1. 发酵性细菌

发酵性细菌是可用于沼气发酵的有机物种,如禽畜粪便、作物秸秆及酒精加工废物等,其主要化学成分有多糖类、脂类和蛋白质。这些有机物大多数不能溶于水,必须先被发酵性细菌所分泌的胞外酶分解为可溶性的糖、氨基酸和脂肪酸,然后才能被微生物有效吸收利用。发酵性细菌将上述可溶性物质吸收到细胞中之后,经过发酵将其转化为乙酸、丙酸、丁酸和醇类,同时产生一定量的氢气及二氧化碳。

沼气发酵时所产生的发酵液中乙酸、丙酸、丁酸的总量统称为总挥发酸（TVA）。在发酵正常的情况下，总发挥酸中以乙酸为主。蛋白类物质分解时不仅生成产物，还会产生氨气与硫化氢。参与水解发酵的发酵性细菌有很多种，已知的就有几百种，包括拟杆菌、丁酸菌、梭状芽孢杆菌、乳酸菌、双歧杆菌和螺旋菌等，大多数为厌氧菌，也有兼性厌氧菌。

2. 产甲烷菌

在沼气发酵过程中，甲烷主要是由产甲烷菌所形成的。产甲烷菌有食氢产甲烷菌和食乙酸产甲烷菌，它们是厌氧消化过程食物链中的最后一组成员，它们在食物链中的地位使它们有着共同的生理特性。它们在厌氧条件下把前三群细菌代谢的终产物，在没有外源受氢体的情况下，把乙酸转化为气体产物甲烷和二氧化碳，使有机物在厌氧条件下的分解得以完成。

沼气发酵原料的种类和特点

沼气就是沼泽湿地里的气体，我们经常看到，在沼泽地、污水沟或粪池里有气泡从中冒出，并且可以被点燃，这就是自然界天然产生的沼气。沼气属于二次能源，并且是可再生资源。随着农业科技的发展，沼气的发酵原料也逐渐多样化。

沼气作为能源利用已经有很长的历史，在20世纪70年代初，为了解决秸秆焚烧和燃料供应不足的问题，我国政府大力推广沼气事业。在现实生活中，除了矿物油和木质素，所有的有机物质，如人畜粪便、作物秸秆、青杂草、纸张、垃圾、水藻及含有机质的工业废渣、废油、污水等，都能作为沼气发酵的原料。因此，沼气发酵原料不仅种类繁多，分布也较为广泛。不过，由于这些原料来源、形态的不同，其产生物的化学成分、结构等也不尽相同，这些都形成了它们各自的发酵特点和产气状况。

第八章 微生物能源的相关技术

按照沼气发酵原料来源分类

根据来源进行分类,沼气发酵原料主要包括三类,分别为农村发酵原料、城镇发酵原料、水生植物发酵原料。

农村发酵原料。此类发酵原料根据碳氮比的不同,又可分为富氮原料和富碳原料。富氮原料是指碳氮比在25∶1以下的人、畜和家禽粪便以及碳氮比低的青草等原料,用这类原料进行沼气发酵,无须进行预处理,而且产气速度快,产气高峰出现得很早。富碳原料是指碳氮比在40∶1以上的秸秆、秕壳等农作物的残余物,这类原料进行发酵时需要预先处理,而且产气速度极慢,产气高峰出现得比较迟,发酵时间长。

城镇发酵原料。此类原料有很多种类,包括人畜粪尿、生活污水、有机垃圾、有机工业废水、污泥等。因为各自的化学成分和生产沼气的能力不同,因此应该根据实际情况设计或采用不同的发酵工艺。

水生植物发酵原料。主要指分布于湖泊、堰塘、池塘等水面上的水葫芦、水花生、水浮莲和其他水草、藻类等。进行早期发酵之前,要

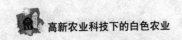

进行预处理或晾干。这类原料产气速度快、产气周期较短。

按照沼气发酵原料形态分类

按照形态进行分类，沼气发酵原料可以分为固态原料、浆液态原料、低固体物高可溶性有机废水三种类型。

固态原料。主要是指富含干物质的秸秆、城镇有机垃圾等固态物体，这类原料主要用于干发酵、坑填发酵，在缓慢分解的过程中产生气体，延缓产气的高峰期，不过在池内容易结壳、沉渣，导致出料困难。

浆液态原料。主要是指人畜和家禽的粪便，通常它们都会随着清洗水排入粪坑，主要呈现浆液态，这类原料可与固态原料混合进行干发酵。

低固体物高可溶性有机废水。主要是指某些含有可溶性有机物的工业废水，如豆制品厂的废水、酒厂的废酒糟液、淀粉厂的废水等，这类原料通常采用高效厌氧消化器进行处理。

沼气发酵的几种工艺

根据发酵原料和发酵条件的不同，所采用的发酵工艺也会不一样。但是一个完整的大中型沼气发酵工程，无论规模大小，其发酵工艺都大同小异。

沼气的发酵工艺多种多样，且分类标准不同，所分出的种类也有所区别。而且，不同的工艺所具备的特点和所采用的流程也不尽相同。

多种多样的发酵工艺

按照发酵料浓度、状态的不同进行分类，沼气发酵工艺可以分为固体发酵、高浓度发酵、液体发酵。按照进料方式的不同进行分类，沼气发酵工艺可以分为批量发酵、半批量发酵、连续发酵。按照装量的不同分类，沼气发酵工艺可以分为常规发酵、高效发酵。按照发酵温度的不同进行划分，沼气发酵工艺可以分为常温发酵、中温发酵、高温发酵。按照作用方式的不同进行划分，沼气发酵工艺可以分为两步发酵、混合发酵。

这些发酵工艺的分类主要依据发酵过程中的某一条件特点，因而在实际工作中，一个发酵工艺通常都是这些工艺的综合。如我国农村大多数沼气池采用的都是常温、半连续投料、分层、单项发酵的工艺。

发酵工艺的特点及流程

批量发酵工艺。一次性投足原料，等发酵完成之后，将残余物质全部都清除出发酵池，然后重新投料，重新开始发酵。其优点为简单省事，投料启动之后就不需要进行管理了。缺点就是启动有些困难，而且所产生的气体并不均衡，产气量差异较大，高峰期产气量较高，后期产气量较低，所产沼气的实用性也较差。其基本流程为：原料及接种物的收集→原料预处理→原料、接种物混合入池→发酵产气→出料。

半批量（半连续）发酵工艺。刚开始只投入部分原料（占整个发酵周期投料总量的1/4~1/2），在发酵过程中，可以根据原料情况和生产用肥情况随时添料和出料，经过一定时间的发酵后再换料，重新开始下一轮发酵。这种工艺产出的气体比较均衡，适应性很强，其基本流程

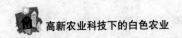

为：原料及接种物的收集→原料预处理→原料、接种物混合入池→加水→发酵产气（随时添料、出料）→打出料。

连续发酵工艺。发酵开始后，只需要按时定量加入新原料，同时把相同数量的发酵料液从中排出，使发酵过程不间断地进行下去。这种发酵工艺能均衡产气，运转效率也比较高，通常用于处理有机废水。

常温发酵工艺。这一类工艺不需要控制发酵料液的温度，在自然温度条件下进行发酵，因此环境温度对发酵产气有很大影响。

中温发酵工艺。发酵温度要控制在28℃~38℃之内，沼气产量较稳定，转化率较高。

高温发酵工艺。发酵温度要控制在48℃~60℃之内，有机质分解速度比较快，比较适用于有机废物及高浓度有机废水的处理。

干发酵工艺。发酵料液中的干物质含量较高，产气时间较长，产气率也较高，发酵过程中不断加料，不搅拌，能大量节约用水，沉渣呈

现出固态,比较适合于我国北方农村地区和比较干旱缺水的地区。

无搅拌料液分层的发酵工艺。不安装搅拌装置,发酵料液主要分为上、中、下3层,上层物质为浮渣、中层为清液、下层为沉渣。因为沼气微生物不能与浮渣层相接触,而上层则难以进行发酵,下层的沉渣也会占有越来越多的有效容积,因此原料产气率和池容产气率都比较低。

塞流式(推流式)发酵工艺。发酵之后的料液不能与新鲜料液进行混合,却能借助新鲜料液的推动作用而直接被排走,能很好地保证原料在沼气池内的滞留时间。

两步发酵工艺。沼气发酵的水解和产酸阶段主要是在一个不密封的混合式或塞流式池中进行,产甲烷阶段主要采用高混合发酵工艺。这种工艺的原料产气率和池容产气率都比较高,主要用于高分子有机废水以及有机废物的处理。

混合发酵工艺。沼气发酵的水解、产酸阶段与产甲烷阶段在同一装置中进行。借助混合装置,池内料液处于均匀的状态中,沼气微生物和原料进行充分混合,因而发酵产气非常快,容积负荷率和体积产气率高。

沼气发酵的不同装置

沼气池是有机物质经过微生物分解发酵产生沼气的装置。农业科技在不断发展,沼气池也随之不断升级、更新。另外,沼气池的种类有很多,形式也不一样,但其基本构造和发酵原理是相同的。

制造沼气的沼气池形式多种多样,每一种沼气池的构造都是不一样的。根据其特点,可以把沼气池分为以下几种类型:

水压式沼气池

水压式沼气池是农村普遍采用的一种人工制取沼气的厌氧发酵密封装置,推广数量占农村沼气池总量的85%以上。沼气池产生气体时,气箱中的压强会不断增大,将发酵间内部分料液压至水压间。使用沼气时，气箱中压强减小，水压间内的料液回流到发酵间，以此来平衡池内外的压力，确保沼气输送具有一定的动力。

水压式沼气池的结构主要由进料口、导气管、活动盖、蓄水圈、发酵间、出料管、水压间、溢流管、囤肥池等部分组成。根据水压间相对于发酵池的位置，沼气池的类型不相同，有把水压间设置在发酵池侧面的侧水压式沼气池，其水压间底部有一个与发酵池连通的连通管，作用为出料管；有把水压间设置在发酵池顶部的顶水压式沼气池，池顶作为水压间底部，一连通管在支座处与水压间连通；也有把水压间与沼气池分开，专门在附近设置水压式贮气柜的分离水压式沼气池，其池体与水压式贮气柜之间由输气管相连。

浮罩式沼气池

浮罩式沼气池主要由发酵池和筑气浮罩组成，发酵池的构造和水压式沼气池基本相同，最大的不同点就是这种沼气池以浮罩代替气箱贮存沼气。产气过程中，浮罩上升，使用沼气时，浮罩下降，因此，罩内的气压一直都比较稳定。从浮罩相对于沼气池的位置来说，包括两种，

分别为浮罩设置在发酵池上部的顶浮罩式沼气池和浮罩与发酵池分开放置在水封池内的分离浮罩式沼气池。

浮罩式沼气池气压恒定，燃烧器具能稳定使用，而且池内气压低，对沼气发酵池的防渗要求较低。但存在建池成本较高的缺点，较水压式沼气池的成本提高了30%左右。此外，还有占地面积比较大，施工周期比较长，施工难度大，材料价格比较贵等缺点。

气袋式沼气池

气袋式沼气池就是由气袋贮存沼气，气袋通常采用橡胶气袋、聚氯乙烯塑料气袋、红泥塑料气袋等，其他部位的构造和水压池基本相同，这种池型所产生的沼气主要是由气袋进行贮存。以有无护架和压荷架为依据，气袋式沼气池可分为三种类型，分别为无围护架气袋式沼气池、有围护架气袋式沼气池和有压荷架气袋式沼气池。

气袋式沼气池的压力比较低，对防渗漏要求并不高，且沼气池发酵料液不会随着沼气的多少而波动。其缺点为气袋材料价格比较昂贵，很容易老化，使用寿命短。另外，由于沼气压力太低，因此无法用来做饭，如果要满足使用要求，必须在气袋上施加重力，使其具有一定的压力。

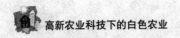

集气罩式沼气池

这种沼气池用一个塑料集气罩扣在池盖口上收集沼气，罩内多余的沼气导入气袋或者分离时浮罩内贮存备用。这类池型结合了浮罩式沼气池和气袋式沼气池的特点。

红泥塑料沼气池

这类池型主要采用红泥塑料（一种工程塑料，主要组分为聚氯乙烯树脂和铝矿石冶炼后的废渣——红泥）作为建造沼气池的材料。这种池型主要分为两种：半塑式和全塑式。

半塑式沼气池主要由料池和气罩两部分组成，料池与前面几种沼气池一样，由水泥浇铸或砖砌，气罩则由0.4~1毫米的红泥塑料膜制成。

全塑式沼气池又分为两种形式，一种是"两块膜"式，其池体与池盖由两块红泥塑料平膜组合而成，可以创造于地上，也可以创造于地下；另一种为全塑袋式沼气池，其整个结构都由0.6~1.5毫米的红泥塑料膜热合加工制成。

沼气能源的使用

开发沼气能源是利用微生物能源的一种方式。在我国，沼气能源的利用已经有几十年的历史，沼气技术的推广已经初具规模，并且在应用技术方面越来越成熟。多年的实践证明，沼气能的利用可有效解决我国农村能源短缺等问题。

随着城乡经济的发展，沼气的利用范围在不断扩大，不仅应用到煮饭等领域，还扩展到了生产领域，如动力、养蚕、烘干、除虫等，并逐步朝着产品规范化、标准化方向发展，可见沼气能是一种符合我国国情发展的微生物能源。了解沼气中的可燃成分、燃烧条件以及燃烧方式，对更科学、合理地利用沼气能源是至关重要的。

沼气的可燃成分

沼气是由有机物质，如人畜粪便、秸秆、垃圾、污泥、工业有机废水、废渣等在厌氧环境中经过多种微生物分解产生的一种可燃气体。沼气由多种气体组成，其中甲烷占60%~70%，二氧化碳占30%~35%，氢气占0.1%~0.5%，一氧化碳占0.1%，还有微量的硫化氢。

由上可知，沼气中的主要成分是甲烷，虽然一氧化碳、氢气、硫化氢等也是可燃气体，但因其含量较少，在燃烧过程中发挥的作用并不是很大，通常可以忽略不计。一般估算沼气热值时都只对甲烷的热值进行估算。在标准状态下，每立方米沼气的发热值是21.34~27.20兆焦耳，折合成标准煤是0.714千克。从热值和毒性方面来讲，沼气是一种优质的燃烧气体。

沼气的燃烧条件

因为沼气中含有大量的可燃性气体甲烷，使其充分燃烧需要具备以下几个条件：

1. 在适当的空气中进行

沼气燃烧实际上是沼气中的甲烷和空气中的氧发生氧化反应的过程，在此过程中会产生光和热。

沼气燃烧时，1体积的甲烷需要2体积的氧气才能充分燃烧。空气

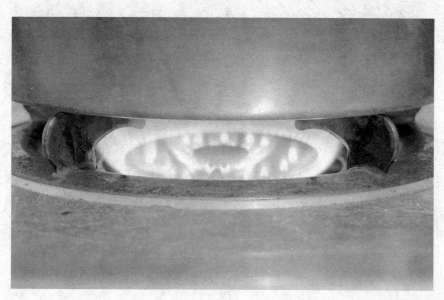

中的氧含量占比为21%,而沼气中甲烷的占比是60%~70%,如此算来,1体积的沼气完全燃烧需要7体积的空气参与其中。

2.应达到沼气的着火温度

着火温度是可燃气体与空气中的氧由缓慢的氧化反应发展到发热发光的燃烧反应所需的最低温度。不同物质的着火温度是不同的,可燃气体的物理性质、氧浓度、燃烧室的大小、燃烧方式等都会影响着火温度,沼气中甲烷的着火温度是680℃~750℃。

3.燃烧反应需要一定的时间

燃烧反应需要一定的时间,是指可燃气体达到完全燃烧所需要的时间,它以燃烧速度来表示,单位为米/秒。影响燃烧速度的因素有很多,如混合气体中惰性气体含量、混合气体中的一次空气系数等。

沼气中单一可燃气体的燃烧速度是:甲烷0.67米/秒,氢气4.83米/秒,一氧化碳1.25米/秒。沼气的燃烧速度与甲烷和惰性气体二氧化碳的占比有关,当甲烷含量为60%、二氧化碳含量为40%时,沼气的燃烧速度为0.2米/秒。

沼气的燃烧方式

沼气燃烧方式有大气式、扩散式、无烟式三种。这三种燃烧方式是因沼气和空气混合比不同造成的。无论哪种燃烧方式,都各有用途,各有利弊。

1.大气式燃烧

大气式燃烧是沼气在燃烧之前预先混入一部分空气,使一次空气系数$\alpha 1$大于零而小于1($0<\alpha 1<1$)。这种燃烧方式在19世纪被德国化学家本生发现,所以也叫"本生式燃烧"。由于在一开始就预先混入了一部分空气,所以火焰相对短小却十分有力,其燃烧温度相当高,热效率转化也很高。当然,燃烧烟中也不可避免地掺杂了一些一氧化碳。

大气式燃烧并不是很稳定,很容易发生脱火现象。这是因为沼气的火焰传播速度在可燃气体当中最低,如果燃烧器的设计略有不当,沼气和空气混合后的流速将会超过火焰传播的速度,从而造成脱火。

为避免脱火,可采用以下稳焰措施:在燃烧器头部设置稳焰装置、作出锥形火孔、密植火孔、设置辅助火孔等。

2. 扩散式燃烧

扩散式燃烧是沼气在燃烧之前不预先混入空气,也就是说一次空气系数 $α1=0$。此时,沼气燃烧所需的空气是从周边的大气中获取的。扩散式燃烧由于沼气在出口时气流速度不同,进而产生了两种方式:紊流扩散燃烧、层流扩散燃烧。

紊流扩散燃烧,沼气在出口流速相当大,处于一种紊流状态,气流会产生一定的旋涡,扩散速度和燃烧速度都快,燃烧温度可高达1200℃左右。层流扩散燃烧,沼气在出口气流速度相对较小,此时的沼气处于层流状态,沼气和空气扩散速度相对较慢,燃烧速度较小,这种燃烧的温度并不是很高,最高只有900℃左右。

扩散式燃烧有着燃烧稳定、不回火的特性,即便在沼气压力低的状态下也可以燃烧。但是它也有一些缺点,如火焰温度较低,并不适合

应用在炊事中；燃烧效率较低，仅有40%的燃料可以充分燃烧，正是因为不完全燃烧，造成了燃烧产物中一氧化碳和炭黑的产生，对环境有一定程度的污染。

3. 无烟式燃烧

无烟燃烧是沼气在燃烧前预先与所需的全部空气混合，使一次空气系数 α1=1。这样一来，沼气在燃烧过程中不需要和空气再一次混合，这样燃烧过程的时间就成了燃烧反应所需的时间，这种燃烧方式相对上述两种燃烧更快。

可以说，无烟燃烧的燃烧相对完全，其热量较高，在稳焰器赤热表面还能产生一定的红外线，这种红外线的辐射能力相对较强，可穿透被加热物质。为此，无焰式燃烧可以作为不错的烘烤热源，如烘干粮食、茶叶等。

中国沼气事业的成就以及发展方向

沼气是一种主要的农业微生物能源，发展沼气对解决城乡生活用能、改善环境卫生、保持生态平衡等有着非常重要的建设性意义。

近些年，中国沼气事业得到了快速发展，我国在沼气行业中也做出了不小的成绩。当然，这并不意味着沼气行业的发展就此止步，它还会随着时代和科技发展不断完善和创新。

我国沼气事业的主要成就

20世纪20年代末30年代初，我国沼气事业开始起步。在20世纪50年代，沼气主要被用于炊事方面，20世纪70年代末经历了兴办沼气的热潮，沼气的发展算是经过了大起大落。但总的来说，它一直在不断地向前发展着。

改革开放之后，沼气的科研和推广取得了一定的成果，并形成了一些新的发酵工艺，制定了沼气池建造以及运行技术的相关要求，推广了更加实用的技术手段，让中国沼气事业走上了更健全的发展道路。

第八章 微生物能源的相关技术

目前，我国大中型沼气工程有500多处，可以为10万左右的用户提供管道沼气；我国建立了5万多个净化沼气池，总池容量达180万立方米，可以处理200多万人口的生活污水，实现污水达标排放，每年还可以产生2000万立方米沼气，为2万左右居民提供沼气……沼气的这些成就推动着我国国民经济的不断发展，与此同时也改善着城乡居民的生活环境。

沼气事业的发展方向

进入21世纪以后，随着社会主义市场经济的建立，如何让沼气事业焕发新活力，让其为我国经济建设贡献力量，是奋战在沼气前线全体人员的共同使命。

1. 攻克科技关，提升技术水平

科学技术是第一生产力，更是沼气发展的前提。在20世纪70年代末，我国沼气科研工作人员已经研制出发酵工艺，制定了施工验收规范，制作了水压式沼气池标准图集等，同时还将沼气池建设归入标准化轨道。在未来的沼气建设中，我们要格外注重科技水平的提高，投入科

研经费，组建稳定的科研队伍，更好地提升科研水平，促使沼气产业在科技水平基础之上不断进步。

2. 加速沼气产业化、商业化发展

沼气行业的发展离不开技术和信息的交流，以新科技、新产品等作为研究重点，借助农业系统、科研院校、高等院校等力量，大力推进经济效益高的产品的开发和研制，积极推广这些技术成果。当然，想要实现沼气商品化，还应在管理中多下功夫。如推广和管理服务，对小型高效沼气池的技术研究开发等方面也要不断完善。沼气开发服务公司在保证服务质量的同时，还应从包建、包修等方面从小生产方式向集中管理、专业管理方向迈进。

3. 沼气建设应结合生态保护

当今国际比较关心"能源和环保"的话题，而我国的基本国策正是加强对环境的保护。农村能源和环保工作对农业的可持续发展意义重大，而沼气的建设又是加强农业环保的重要途径。城镇的工业有机废水、城镇生活污水的厌氧处理等都应用到了沼气技术。

另外，城镇中的一些大中型沼气工程发展已经成为治理、保护城镇生态环境的有效措施，积极推动城镇大中型沼气工程建设和城镇污水净化沼气池建设，也是推动沼气发展建设的重要措施。

4. 以沼气为纽带，利用好农村资源

随着科技的进步，沼气逐步成为多种经营的纽带，并形成了种植业—养殖业—加工业等多环节、多层次、高效益的生态农业体系。随着这种体系的建立，沼气建设将会逐步走进一个发展新阶段。沼气相关研究人员应改变过去使用沼气的方式方法，拓展出一条以沼气为中心，形成中国独具特色的农业生态体系，让沼气建设可以在社会效益、经济效益、生态效益中协调发展。

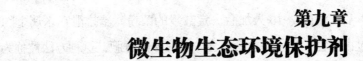

第九章
微生物生态环境保护剂

传统工农业生产的迅速发展,在为人民带来富足生活的同时,也对环境造成了一定的破坏。随着微生物技术在生态保护方面的应用,一种利用微生物制成的生态环境保护剂就此产生。这种微生物保护剂不仅不会形成二次污染,还能对已经形成的部分污染进行一定程度的治理和改善。

"畜产公害"治理的微生物生态环境保护剂

大规模、集约化畜牧场的出现,导致大量畜禽的粪、尿和污水对环境造成了较为严重的污染,国外称为"畜产公害"。如今,我国的"畜产公害"比较严重。治理畜禽粪尿污染的方法有很多,如沼气发酵、快速烘干等,还能利用某些微生物对废弃物的分解,将自然界的生物循环引导到更利于维护生态环境的方向。

近年来,各国微生物专家研制出一批用于处理畜禽粪便和治理污水的微生物生态环境保护剂,比如用于养猪业的环境清洁剂——木糠床微生态菌剂,并在很多国家和地区得到了广泛的应用。

木糠床微生态菌剂

木糠床微生态菌剂是一种用于猪舍,消除猪粪尿污染的微生物环境清洁剂。在猪圈内铺垫上50~60厘米厚的木屑,把微生物菌剂接种在木屑上,洒上适量的水,使木屑保持65%~70%的含水量,放猪入圈饲养后,每隔7~10天加撒一定数量的菌粉。猪排泄在木屑上的粪尿,经过微生物发酵分解之后就会变成腐熟的厩肥,这种方法被称为木糠床无污染养猪法。

日本的木糠床微生态菌剂

日本人多地少,资源不足。第二次世界大战后日本经济得到迅速发展,为解决肉、蛋、奶的供应问题,日本在城镇郊区建立了一批集约化畜牧场,随之产生的大量粪尿和污水污染了周围的环境。因此,日本在20世纪60年代就提出了"畜牧公害"问题,并研发出了与之配套的菌剂,当时称为"日本的养猪革命"。

具体方法为:在棚架猪舍的地面上的第一层铺碎木,这些碎木是杉皮、松皮及其有机质纤维材料,同时在碎木材中混入TETRA菌,每3.3

平方米混合菌液3.5千克；第二层铺着厚度约20厘米的木屑粉或稻壳；第三层再撒入TETRA菌，也是每3.3平方米混合菌液3.5千克。铺完碎木之后洒水，使大约10厘米地层的含水量达到65%~70%。铺好地面之后，就可以将猪赶入棚内饲养了，以后每隔7~10天再洒一次细菌溶液，每3.3平方米使用菌液400克。

木糠床每隔3年需要重新铺一次，平时也要多洒一些水，防止干燥。还有一种厚垫床，即在猪圈内铺垫厚度为0.8~1.0米的锯末和刨花，有的厚垫床可以使用8年。随后又发展了一种浅垫床饲养法，这种方法可以有效节省劳动力和菌剂用量，只需铺垫25~40厘米锯木或刨花，每次可饲养70头猪，每天在饲料中加入菌剂和矿物质混合剂，等猪生长4个月左右后，将垫料和猪一起清理。这种方法可以将猪饲养在塑料棚内，有效节省建筑费用。

国内木糠床菌剂——"猪乐菌"

"猪乐菌"是一种有益微生物菌群，是采集猪场周围土壤样品后，进行分离、筛选、纯化出的一种物质。这种微生物菌群混合有若干种酵母菌、产霉菌、放线菌和芽孢杆菌，其中最为重要的就是好气菌株，其他菌株为兼性好气和兼性厌氧。菌株经过混合发酵、填充、低温烘干、磨细后包装而成。"猪乐菌"剂可以有效抑制氨化细菌的分解作用，能有效强化消化细菌的作用，降低猪圈内氨气浓度。

"猪乐菌"剂的使用方法：可以采用棚式猪舍，猪床高度为60厘米，分上下两层，下层铺设30厘米的树皮、树枝、碎木等粗硬的有机物，上层铺设30厘米厚的木屑或者刨花等。每立方米都需均匀撒入50克"猪乐菌"剂，并使含水量保持在60%~70%。猪进圈饲养后，每周每立方米再次在排粪处撒5克"猪乐菌"粉，垫料的厚度要始终保持在60厘米左右。进入冬天后，棚或猪舍一定要放下卷帘或用塑料布挡风进行保暖。每批猪出圈后，要除掉表层多余的粪便，翻动木屑，再加入一些新木屑和"猪乐菌"粉，就可把下一批猪崽放入猪圈内。和其他养猪方法一样，使用"猪乐菌"养猪可以防止猪生病。

其他国家木糠床微生态菌剂

在20世纪80年代末，木糠床养猪方法已在欧洲得到广泛应用了。把某种特制的酶和细菌淋洒在猪圈的垫料中，这种微生物发酵粪尿中的有机质不需要每天清洗，一次洗圈之后可以连续18个月不必清理粪便，细菌便能将氨固定，逐渐转化为蛋白质，很少释放污染环境的臭气。

免洗养猪的微生态菌剂

相较于传统的养猪方法，虽然木糠床养猪法有很多优点，但这种方法本身也存在一定的缺点。随着养猪技术的不断改进，免洗养猪的微生态菌剂也随之诞生了。

"猪乐菌"剂木屑床养猪的方法曾经在上海郊区进行试验，并取得了一定的效果。但上海地处长江口，地势低洼处较多，木屑床很容易受潮，每当夏天气温升高时，就会对猪的生长产生不利影响。再加上木屑来源很少，不利于大范围推广。

随着农业科技的发展，在科学技术的推动之下，科学家通过改进"猪乐菌"剂中的主要菌株类型，把原本的好氧菌株变为厌氧菌株和兼性厌氧菌株，它就是"浦江菌"剂，去掉木屑之后，把菌剂直接撒入猪圈内粪尿中，粪尿经过发酵之后，消除臭味，同时抑制氨化细菌活动，粪尿被分解成为无臭味、无毒性的有机厩肥。"浦江菌"剂有如下几方面优点：

不会污染环境

撒入"浦江菌"剂后，猪圈内的粪尿会被分解成腐熟的有机厩肥，可以直接用于田地里或加入其他填料，制成商品有机复合肥料。因为不需要冲洗猪圈，所以不会有粪尿流入猪场周围与河流里，避免了猪粪尿对环境的污染。

提高腐熟有机厩肥的肥效

在试验过程中，上海农科院土肥所取样分析，试验组发酵腐熟有机厩肥的全氮平均值为5.3619%，速效氮平均为0.9946%，而鲜猪粪的全氮平均为3.8835%，速效氮平均为0.3463%。由此可见，浦江菌有分解粪尿、固定氮素、提高肥效的作用。

减少有害气体和杀死蝇蛆

为了对"浦江菌"免洗养猪在猪圈内产生的有害气体进行测试，以15头猪来做实验。每周撒一次浦江菌粉，两个月内不清扫猪粪尿，经过上海市环境保护公司测试结果显示，试验组氮气平均浓度为0.431

摩尔/升，硫化氢浓度为 0.020 摩尔/升；对照组氨气平均浓度为 4.301 摩尔/升，硫化氢浓度为 0.018 摩尔/立方米，粪堆里面和围墙上没有发现蝇蛆。

促进猪的生长

在嘉定区朱家桥曾进行了几次实验，第一次是对 17 头猪进行实验，试验组比对照组增重了 2.45 千克/头。第二次是对另外 17 头猪进行实验，试验组比对照组增重了 1.636 千克/头。第三次是在闵行区诸翟万头猪场，对 69 头猪进行了实验，试验组比对照组增重了 2.53 千克/头，由此可见，"浦江菌"剂在促进生长方面具有很大的功效。

猪的生长情况良好

使用"浦江菌"剂的猪的生长情况都非常好，没有痢疾和皮肤病。猪圈不冲洗，每养一头猪，可以节省冲洗水 0.5 吨，与此同时，也能减轻饲养员的劳动强度和节省劳动力，而每养一头肉猪只需要"浦江菌"剂 100 克左右。

变废为宝的堆肥菌剂

近十几年，我国养殖业得到了迅速发展，在为广大城乡居民提供丰富肉制品的同时，也产生了大量的养殖污染，其中畜禽粪便污染最为严重。农业科技不断改善，畜禽粪便也得到了有效处理，甚至能变废为宝，微生物发挥了重要的作用。

利用现代堆肥技术将猪粪堆制成有机肥，变废为宝是目前处理这些养殖污染的重要方法，而高效堆肥菌剂是现代堆肥技术的关键所在。

堆肥过程中恶臭物质的产生

堆肥过程会产生大量的氨、硫化氢、多氨、硫醇等产生恶臭的物质。恶臭的主要成分是氨，之所以产生恶臭是因为畜禽粪的湿度比较大，透气性差，氨化细菌活性比较强，有机质中氮化合物在厌氧条件下被分解成氨气。大部分的氨气无法被微生物及时同化而溢出，不但会产生恶臭，损失大量养分,还会污染空气,造成环境污染。

向堆肥中添加适量富含纤维素的植物秸秆,能有效提高碳氮比值,增强堆肥的透气性,激发好氧微生物的活性,当通气性能良好时,硝化细菌活动性也随之增强,这样就能迅速把氨转化为硝酸盐。还有很多恶臭物质在好氧条件下能被某些放线菌分解,转化为微生物的菌体蛋白质或氧化为二氧化碳和水,直接释放到大气中。

堆肥发酵的微生物学过程

农业生产中的农作物秸秆与畜禽粪尿混合堆积,经过高温腐熟之后成为有机厩肥,在这一过程中,微生物繁殖旺盛,把有机废物转化成无机盐或腐殖质,成为植物生长发育的营养元素,也是一个净化环境的过程。

在堆肥初期,中温好气性芽孢杆菌、霉菌、酵母等微生物繁殖旺盛,有机质(如单糖、淀粉、蛋白质等)在好气条件下迅速分解,并随之产生大量热能,提高了堆肥的温度。温度持续上升,通常两三天内就能达到50℃以上,当温度上升到60℃时,普通放线菌就会停止活动,这时嗜热性放线菌、嗜热芽孢杆菌和梭菌的活动占有一定优势,它们分

解着纤维素和果胶类物质。因此，当处于高温阶段时，纤维素、果胶类物质就能得到充分分解。

当热量积累、堆肥温度上升到 70℃ 以上时，大多数嗜热微生物会大量死亡或直接进入休眠状态。在初死亡微生物所含的各种酶的作用下，有机物质腐解的作用仍然能进行一段时间。不过酶的作用很快就会衰退，所产生的热量也会不断减少。当产生的热量小于堆肥散发的热量时，堆肥的温度也会随之下降。当温度下降到 70℃ 以下时，原本处于休眠状态的嗜热微生物就会恢复生命活动，产热量也会增加。这样堆肥温度就始终处于一个自然调节的持续高温状态中，堆肥材料就能在几个星期或 2~3 个月内达到可以施用的腐熟状态。

当高温阶段持续一定时间后，纤维素、半纤维素、果胶物质大部分已经进行分解，剩下的是难以分解的复杂成分（木质素）和新形成的腐殖质。微生物的生命活动减弱，产热量也随之减少，温度逐渐下降，当温度下降到 40℃ 左右时，中温微生物就代替嗜热性微生物，成为优势种群。

堆肥的微生物菌剂

国外的堆肥菌剂有很多，如日本的 EM、TM 和澳大利亚的 Biomin 等复合型菌剂。EM 菌剂是由光合细菌、放线菌和乳酸菌等 10 属 80 多种微生物复合培养而成的菌剂。国内的堆肥菌株主要包括高温菌株和除臭菌株。比较常见的高温菌株有高温放线菌、高温芽孢杆菌和高温芽孢梭菌。当把两方面菌株混合添加到粪堆中，用草粉调节堆肥湿度和碳氮比，经过一定时间后就能变成有机肥。添加堆肥菌剂比自然堆肥腐熟更快，发酵温度高，能有效消灭大肠杆菌、虫卵和杂草种子，而且除臭效果好。

污水处理微生态菌剂

环境保护是我国的基本国策，世界经济发展实践证明，为了实现

第九章 微生物生态环境保护剂

经济持续稳定的发展，必须解决好经济发展与环境保护的矛盾，农业科技的发展为污水处理提供了可行的方法。

随着全球人口急剧增长，工业也迅速发展起来。一方面，人类对水资源的需求以惊人的速度在不断增长；另一方面，日益严重的水污染蚕食了大量可供消费的水资源，而利用微生物技术净化污水也逐渐被科学家重视起来。那么，净化污水的微生物都有哪些作用呢？

污水净化的微生物作用

污水净化是一种物质转化过程，更是微生物生命活动的结果。多种微生物利用污水中的各种有机物和无机物，其中包含了可以作为营养物的有毒物质以及某些矿物质，从而分解去除有机物甚至是有毒物质。但在微生物群体中，各种微生物之间的关系非常复杂，彼此之间存在着共生、互生、拮抗的关系，并在一定条件下相互维持着一个复杂稳定的生态平衡。

污水生物处理方面分为两大类型，分别为好氧生物处理和厌氧生物处理。好氧生物处理就是好氧微生物在有氧的条件下，将含有碳、氮的有机物氧化分解为二氧化碳、水、亚硝酸盐和硝酸盐的过程，也就是

有机物矿化。在好氧生物处理中，组成活性污泥的生物有细菌、真菌、藻类、病毒以及原生动物轮虫、线虫等，而活性污泥结构和功能上的中心就是细菌。

厌氧生物处理是在无氧条件下厌氧微生物使有机物转化的一种处理方法，是一个生物化学的转化过程。污水中的有机物在缺少氧气的情况下被转化为甲烷和二氧化碳，可以称其为厌氧消化。厌氧消化反应通常分为两个阶段，第一个阶段为产酸阶段，以后逐渐转化为第二个阶段，即产气阶段。

从物质的转化过程来看，消化过程可以分为三个阶段，分别为水解、挥发酸生成和甲烷生成。在有机物转化为甲烷和二氧化碳的过程中，有两大微生物群落存在，分别为不产甲烷的微生物群落和生产甲烷的微生物群落。在厌氧生物处理过程中，两大群落有不同的作用，不产甲烷微生物群落能水解和发酵污泥或污水中的蛋白质、糖类、脂肪，大部分转化为脂肪酸，而产甲烷菌会把脂肪酸等转化为甲烷和二氧化碳。

光合细菌在污水处理上的利用

1960年，日本的小林正泰就开始研究利用光合细菌处理污水，并取得了显著的效果。我国也有很多相关研究，如浙江省轻工业研究所研究高浓度合成脂肪酸废水处理，取得了很大成功；上海交通大学生物技术研究所利用光合细菌处理豆制品、牛粪尿等。

光合细菌处理粪水的实验方法如下：将猪粪按照1∶1的比例加水配成高浓度粪水，装入试验池，让粪水自然发酵一天，使高分子有机物被异养菌分解为低分子有机物，然后加入光合细菌，每天早晚各通气一次，每次通气时间为5~10分钟。两天后粪水开始变成红色，臭味也随之消失。粪水有机物浓度不断降低，水中的低等浮游生物开始出现，紧接着藻类也会出现，光合细菌的数量则不断减少，藻类占据了一定优势，粪水就此得到净化。

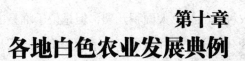

第十章
各地白色农业发展典例

　　白色农业有利于生态环境保护,世界人民对此已经取得了共识。21世纪,人类社会发展的中心问题是生态环境保护。白色农业新思路提出后,农业界和企业界对此高度关注,并进行了很大的投入,现如今白色农业已经从泛泛的概念性阐述发展到产业化的实际操作,很多地区都取得了一定的成就。

山西临县"红枣防裂"的白色农业技术

　　"民以食为天",饮食一直是中国人关注的头等大事。进入21世纪后,饮食依然是我国农业需要解决的关键问题。如何才能吃得安全、吃得健康?随着白色农业的出现,这些问题将得到更好的解决。

　　目前,白色农业对一些人而言可能仅仅是一个新名词,但对眼界开阔的农民而言,他们已经在利用这些新技术解决种植过程中的难题,并获得了可观效益。山西省白色农业工程学会的专家认为,白色农业生产过程中应用的安全、绿色、高效的新时代农业科技,不仅解决了农业生产中的一些技术难题，还拓宽了农业新领域，为全省农业改革作出了贡献。

在一年红枣收获的季节，秋雨也不期而至。被秋雨淋过的红枣很容易开裂，这样红枣种植户一年的收入就会受到很大影响。2017年，天公不作美，在国庆节前后秋雨下了将近一周，位于吕梁山区的很多枣农种植的红枣大面积开裂，但是位于临县曲峪镇石家甲村的贺先生种植的几十亩红枣并没有受秋雨的影响，原因是他使用了山西省白色农业工程学会的"红枣防裂"技术。

随后，山西省科协和省白色农业工程学会在贺先生的枣园中召开了"红枣防止裂果技术"现场观摩会。参加此次观摩会的专家对这项技术给出了较高的评价，并认为省白色农业工程学会推行的"以微生物菌剂为主、微量元素肥料为辅的红枣防裂技术"是防治红枣开裂的科学方法。

红枣是山西的特色农产品，栽种面积大，具有容易栽培、适应性强、收益快等特点，已经成为广大山西农村群众脱贫致富的支柱产业。但是由于红枣进入成熟后期，遇到雨淋很容易烂果，给很多种植户带来了严

重的经济损失。

早些年,山西省白色农业工程学会专家团队以临县石家甲村临河枣业专业合作社为实验基地,随后在红枣不同的生长时期喷洒不同配方的微生物菌剂。经过多次实验,红枣防裂技术有了明显的提高。近些年,红枣实验基地一直在做红枣防开裂实验,去年雨水较多,这一技术的价值得到了很好的体现。

红枣防裂技术的主要原理是通过喷洒生物菌剂,促使红枣吸收一些微量元素,进而增强植株的抗病毒等能力。与此同时,菌剂还会在枣树的茎叶表面形成一层保护膜,可以有效防治病菌入侵以及因红枣缺乏某种元素而引发各种生理性病害。

红枣开裂的问题一直影响着山西红枣产业的发展,多年来这个问题一直没有得到解决。当然,随着此次红枣防裂实验的成功,这种白色农业技术将会推广到其他红枣种植地区。

因白色农业科技受益的还有曲沃的北董大蒜。曲沃县北董乡景明村的景沃是种植有机大蒜的专业合作社,也是山西省白色农业产业化的实验基地。在那里,白色农业工程学会的专家帮助更多种植户解决了大蒜种植以及根腐病防治等技术方面的难题,让当地的大蒜产量和品质都有了大幅度的提升。

在 2017 年的陕西农博会中,北董种植户老王种植的有机大蒜深受消费者喜爱,本只是想展示一下,没想到在展会第一天就被抢购一空。在农博会现场,白色农业基地生产的富硒鸡蛋、富硒小麦、富硒小米等也备受欢迎。有不少人是第一次听说白色农业,经过对现场农产品的对比,他们对白色农业以及其产品产生了浓厚兴趣。相信在未来,白色农业在山西还会如火如荼地进行和发展。

银岳池:白色农业闪银光

大千世界原本多姿多彩,配有赤橙黄绿青蓝紫多种色调,然而在一个特殊的地方,它的颜色却格外醒目,那是一种圣洁的颜色——白色。如今,这个地方正在打破百年来的农业传统,跨过历史的鸿沟,迈向新的时代文明。

四川省岳池县,是西部传统农业大县,如今它正以一种敏锐的市场眼光,将科技意识融入农业生产中,致力打造"全国白色农业第一县",它紧跟时代的步伐快速前行,重新描绘出新农业的世纪华章。

岳池因为盛产稻米,赢得了"银岳池"的美誉。而如今,岳池县委县政府将要以现代白色农业的"银"刷新传统农业的"银",打造全国白色农业第一县,并赋予"银岳池"新内涵、新形象。

早在10多年前,岳池县就提出要发展现代农业,在加强和高等院校、科研院所联系的同时,还邀请了农业专家亲临岳池授课,为发展白色农业奠定了基础。不仅如此,岳池县委县政府的领导还带领相关人员分别到北京、贵州等地实地对白色农业进行考察。

白色农业让全县百姓看到了新农业的发展方向,重新燃起了对农业的希望。全景式的试点点燃星火,白色农业在岳池掀起一场大风暴。

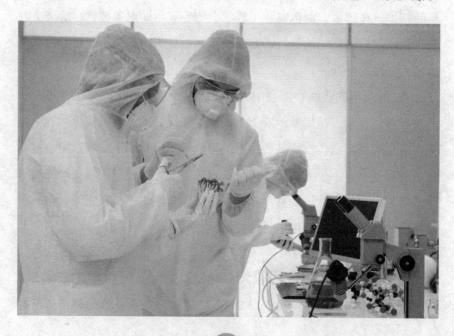

第十章 各地白色农业发展典例

为加强白色农业的示范作用和科技支撑,岳池县在多个村落组建了万亩白色农业示范园,并成立微生物专家工作室、食用菌研究开发中心、白色农业无公害技术检测中心等科技机构。

岳池县还以"企业入园,车间下乡,品牌上市"为原则,先后培育引进了万棚菌业有限责任公司等科技企业。这些科研机构以及科技企业都围绕着白色农业展开生产,形成了"公司＋基地＋农户"的运转模式,形成了产销一条龙服务产业链。

甘肃:"白色变革"引领农业高效发展

白色农业作为一种新的农业技术,大大提高了粮食产量,还带动了养殖、农产品加工业等的兴起,形成了"秸秆养牲畜—畜便产沼气—沼液渣还田"的循环农业生产方式。接下来,让我们一起走进甘肃的"白色变革"。

甘肃的农田有着"铁杆庄稼"的美称,这是怎么一回事呢?原来,那里有全膜双垄沟播种种植技术,经过全膜种植的植株不会受旱、不会被冰雹打倒,更不会遭遇晚霜冻死。这种农业新技术在10多年前从兰

州榆中县引进，在当时试种了几百亩玉米，得到了意想不到的好收益。后来，使用这种全膜种植技术的玉米获得了大丰收，每亩地可产600多千克。

以甘肃通渭县为例，过去人们种地都采用半膜技术，即便是在风调雨顺的时期，最高的产量也只是每亩地450千克左右。在干旱季节，每亩地仅产300千克。让我们再来看另一组数据：截至2008年，通渭全县种植的全膜玉米有10多万亩，总产量可达10万吨左右。两相对比可知，通渭县用不到1/10的耕地收获了全县粮食总产量的60%。

所谓的全膜技术，是指在地表起大小双垄后，在雨水相对丰富的秋季或土壤刚解冻的初春用地膜进行全覆盖，在沟内播种作物的种植技术。全膜播种玉米的效果最为突出，根据相关农业科技人员的介绍，目前全膜技术主要应用在玉米和马铃薯的种植中，每亩地可增产30%左右。

地膜全覆盖可有效减少土壤水分蒸发，将无效降雨转化为有效降雨，还可以有效增温增光。这种技术看似简单，却大大提高了农作物的抗旱、抗寒等能力，大幅度提升了粮食产量，推动着甘肃循环农业的发展。

在会宁，传统玉米种植每亩地只能种1000~1200株，秸秆的高度不超过1米，玉米成熟后，每亩地只能收获200~250千克。采用全膜技术后，每亩地可栽种3000~3500株，种植的秸秆不仅高大还粗壮，而且含水量大，质地结实。

为此，秸秆也大量流通到市场中，被更多养殖业所利用。农户在利用秸秆发展养殖业的同时，也配套建立了沼气池，用沼气来做饭，用沼液、沼渣等还田养田。走进会宁县郭城驿镇红堡子村的一户农家中，只见一位农妇在厨房中使用沼气，厨房干净整洁，灶台一角的墙体上还贴着白色的瓷砖。要知道，在过去的农村中，做饭都是用土灶，烧的都是树枝、柴草、秸秆等，做饭时黑烟弥漫，做饭的人不时还会被黑烟呛着。如今，农村家庭做饭也能和城市中一样干净、省心了。

不仅如此，几年前，通渭县的农技人员就实验种植了全膜大蒜，

第十章 各地白色农业发展典例

一亩地可产 12000~15000 头,产量在 1500 千克左右。扣除成本费,每亩地的保守收益为两三千元。通渭县的一些乡镇还试验成功了秋覆全膜玉米—冬油菜—玉米两年三茬、秋覆全膜大蒜—玉米等种植方式。这些种植方式的改变,大大提高了土地的利用率。

可以说,全膜技术不仅真正实现了旱作农业区粮食生产的稳定,还重新唤起了农民种地的热情,激发更多群众干部和科技人员不断创新,在旱地中寻找最大的收益。

山西太谷:白色农业如日方升

伴随着春天的气息,一向沉寂的村子迎来了一群"特别"的客人——山西省白色农业工程学会的专家和一些学者。他们此行是为了什么,这个村子又将会发生什么翻天覆地的变化呢?让我们一起走进山西太谷县。

在太谷县范村镇东曲河村,正式落户了白色农业产业试验园,而山西白色农业工程学会的专家和学者正是前来为当地相关人员做现场技术指导的。这个试验园是一个土鸡养殖试验园,园中有 1 万多只土鸡,雄雌鸡各占一半,饲养员采用的是"散养+喂养"的模式。由于该养

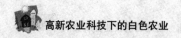

殖园还处于起步阶段,所以产蛋率并不是高。

但这并没有影响养殖人员的信心,他们认为,如今的人类崇尚绿色健康,而有机食品是真正源于自然的食品,营养丰富,品质较高。回归自然的土鸡放养,让土鸡在自然中汲取养分,这种原生态的养殖模式,也正是白色农业所倡导的。

随着科技的不断进步,机械化、能源化、化学化为主要标记的现代农业代替了传统农业,解放了大量的劳动力,也大大提高了生产力。但是,现代化农业也带来了一系列不良的后果,比如化学农药的使用严重威胁着生态环境和人类的生命安全。

而白色农业——微生物农业,将传统农业的动植物资源拓宽到了微生物资源的利用上,创建了以微生物产业为中心的新型工业化农业,极大地改善了农牧产品的品质,减少了对环境的污染,还增加了农民的收入。

随着人们生活水平的提高,消费结构也会发生变化,人们对肉蛋奶等的需求会越来越大。与此同时,人们对这些农产品的品质要求也会越来越高,这意味着畜牧业将会得到更好发展。如今,白色农业已经在全国各地取得了不错的经济效益、社会效益、生态效益,因此,白色农业一定有着广阔的发展前景。